口絵１　雪の結晶

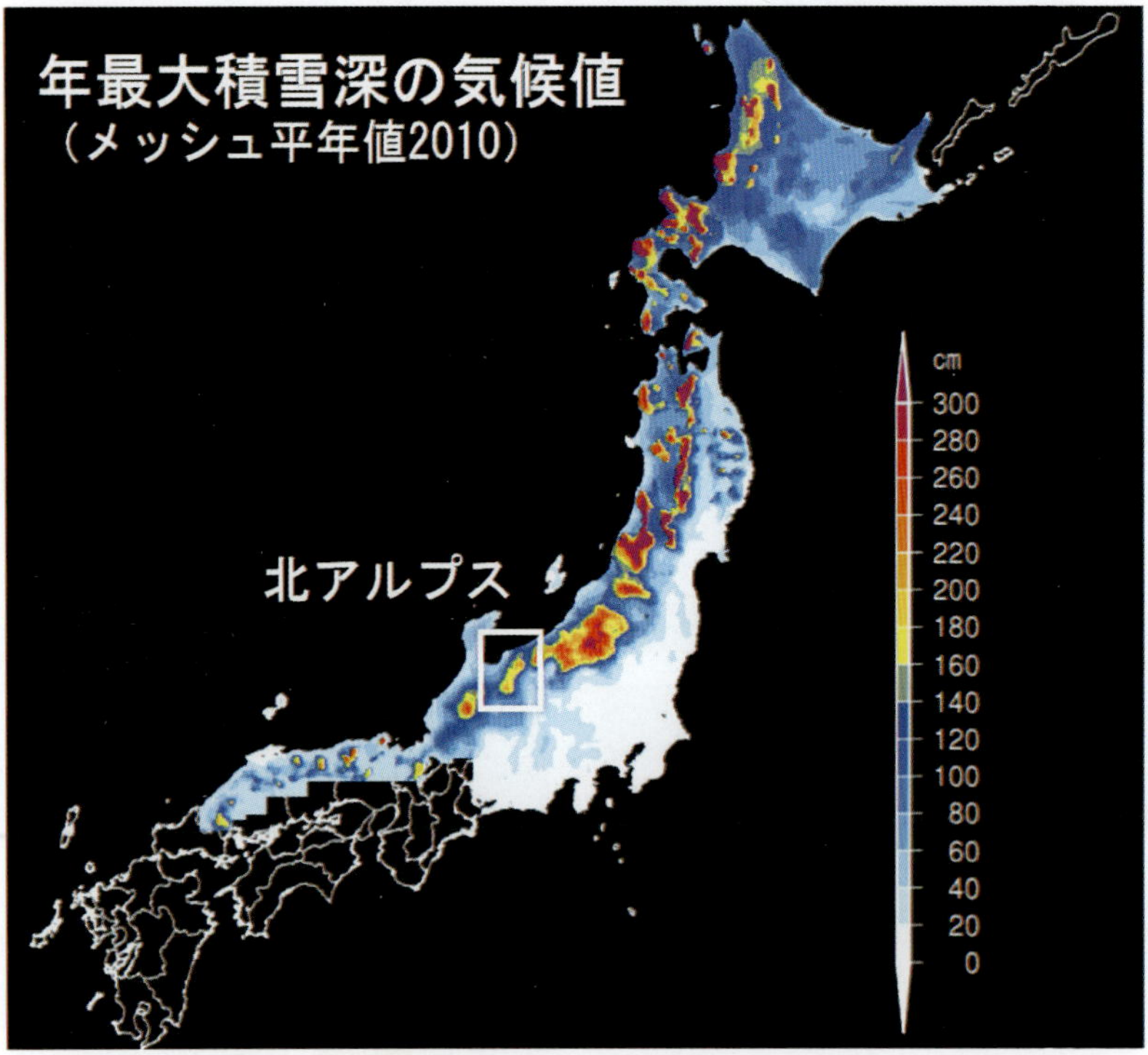

口絵２　年最大積雪深の気候値

口絵３　途中で消える雪やあられ

口絵４　樹枝状結晶

口絵５　針状結晶

口絵６　雪あられ

口絵７　ひょう

口絵８　凍雨

口絵 9　雨氷（2016 年 1 月 30 日 筑波山中腹）

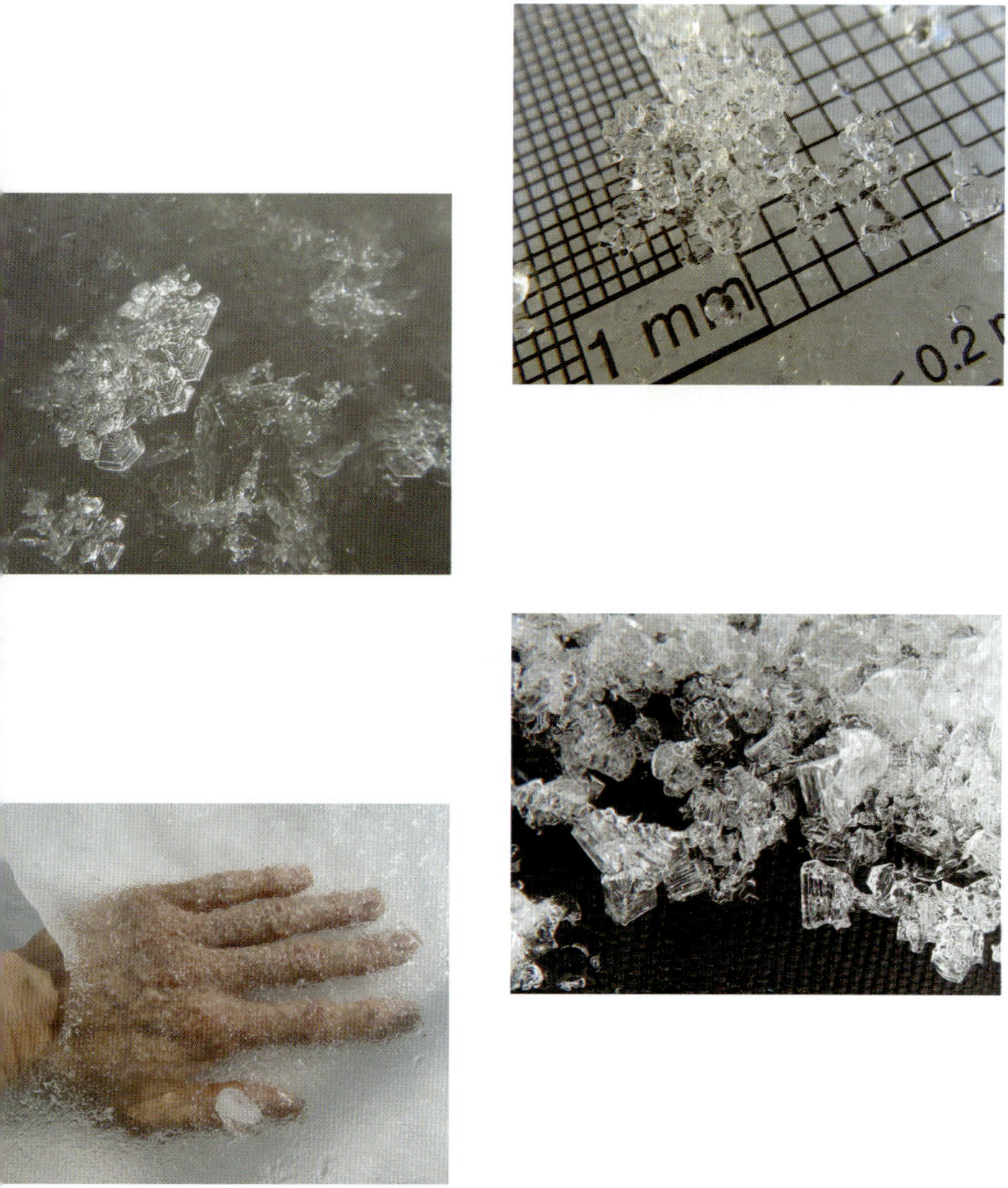

口絵 10　雪質（右上：ざらめ雪、左上：表面霜、右下：しもざらめ雪、左下：サンクラスト）

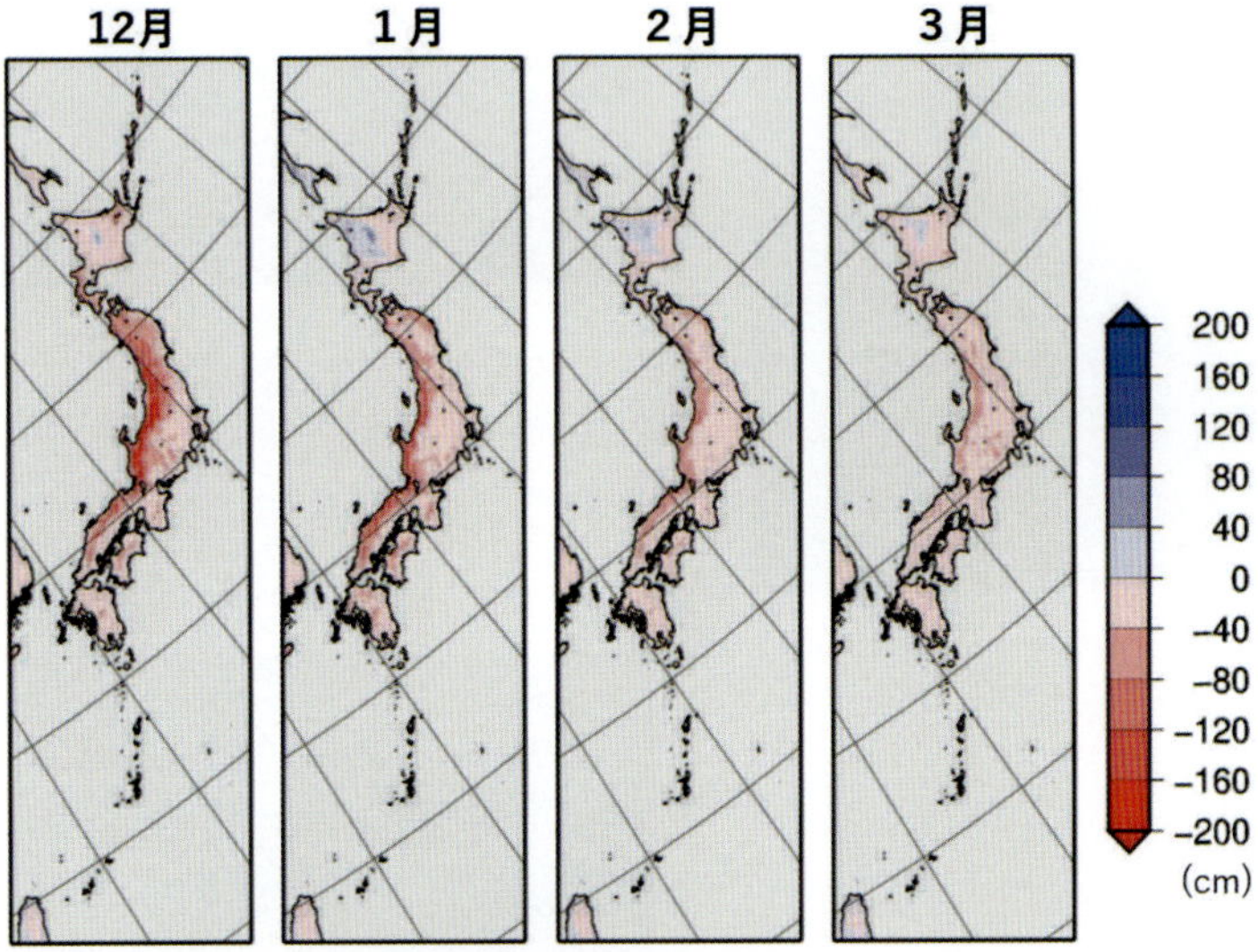

口絵 11　月降雪量の将来予測

地球温暖化で雪は減るのか増えるのか問題

川瀬宏明
Hiroaki Kawase

ベレ出版

はじめに

冬になると、空から落ちてくる白い雪。雪への思いは人それぞれです。スキーやスノーボードを楽しむ人、雪を見てはしゃぐ子供。雪の少ない地域で育った筆者も、子供の頃は雪が降ると外に出てはしゃいでいました（今もですが……）。その一方、雪かきで大変な思いをする雪国の人々もいます。また、毎年、雪の予報で頭を悩ませる気象キャスターもいます。

「雪は天からの手紙」。これは、雪の研究で著名な中谷宇吉郎博士が残した有名な言葉です。地上に落ちてくる雪の結晶は実にさまざまな形をしています（口絵1）。雪の結晶は一片だけだと一センチにも満たない小さなものです。ただ、この結晶が多量に降ると一転、生活に大きな影響を及ぼす厄介な存在になります。多量に降る雪は悪いことばかりではありません。山に積もった雪は「天然のダム」と言われ、春先から初夏に下流の水田を潤します。また、冒頭のウィンタースポーツにも雪は欠かせない存在です。

そんな雪の存在を脅かしているのが地球温暖化です。気温が0度を超えると存在できなくなる雪は、地球温暖化の影響を最も敏感に受けると言われています。産業革命以降、人類が温室効果ガスを排出してきたために、地球の気温は確実に上がってきています。このまま何も対策をしないと、21世紀末には最大で4・8度気温が上昇する予測も出ています。地球温暖化に伴う気候変動は、数十年という時間をかけてゆっくりと進行しているため、日々の天気予報とは少し毛色が違って見えます。そのため、天気予報の専門知識を持った気象予報士でも、疑問に思うことは多々あると聞きます。本書では地球温暖化の研究に長く携わり、気象予報士でもある筆者の視点で、地球温暖化の問題をわかりやすく伝えることを心がけました。地球温暖化の部分も気楽な気持ちで読んでみてください。

ところで、地球温暖化が進むと雪は単に減っていくだけなのでしょうか？　もしかして、気温が上がると増えたりしないのでしょうか？　地球温暖化と雪の関係はかなり複雑であることが筆者の研究からわかってきていました。本書では、雪と地球温暖化を専門に研究する筆者が、日本の雪の特徴と地球温暖化の基本を踏まえたうえで、

0度を境にした雪と地球温暖化の戦いに迫っていきます。

本書には、各章の最後に各地域で活躍する気象キャスターが書いたコラムがあります。気象キャスターの目線で、それぞれの地域特有の雪の降り方、雪の予報をするときの難しさなどが書かれていますので、本編とともにコラムもぜひお楽しみください。

目次

1 日本の雪のいま

1・1 そもそも気温が低くなるのはなぜ？ …… 13
北極や南極で気温が低いわけ 13
なぜ高い山では気温が低いのか？ 18
1・2 日本海側に降る雪 …… 23
気団変質がもたらす日本海側の雪 24
大雪は初冬に降りやすい？ 33
山の雪と里の雪 34
日本海寒帯気団収束帯 35
山に積もる雪——北アルプスは雪の貯蔵庫 41
1・3 太平洋側に降る雪 …… 50
関東平野に大雪をもたらす南岸低気圧の脅威 50
南岸低気圧による関東の大雪の例——2014年2月 66
南岸低気圧以外の関東平野の降雪 72

1・4　冬型でも太平洋側で雪が降る？……76
1・5　台風が大雪をもたらす？……79
気象キャスターコラム　初雪最前線 北海道の雪（菅井貴子）　82
東北地方の降雪の特徴・予報の難しさ（吉田晴香）　84

2　雪を知るには観測が必要だ——雪の観測の現状

2・1　雪の結晶——天からの手紙……89
2・2　雪に似たもの——あられとひょう、凍雨と雨氷……95
2・3　降ってくる雪を測るには？……100
2・4　積もった雪を測る……110
2・5　準リアルタイム積雪深分布図……112
2・6　山の積雪を知る——立山黒部アルペンルート沿いの積雪観測……114
2・7　スノーメモリー——雪に残された記憶……119

2・8 雪予報はどこまで当たる？——降雪の数値シミュレーション……132
2・9 積雪の数値シミュレーション……136
気象キャスターコラム 北陸地方の雪（木地智美）……144
豪雪は忘れたころに（二村千津子）……146

3 異常気象と地球温暖化が雪の降り方を変える

3・1 異常気象とは……150
エルニーニョ・ラニーニャ現象 152
偏西風の蛇行 159
海氷の減少と日本の雪 164
3・2 地球温暖化のいろは……167
上昇する気温 167
温暖化の原因は温室効果ガスの増加 170
過去の温室効果ガスの濃度はどうやってわかるのか？ 172
増えると困る二酸化炭素、でもなかったらもっと困る——温室効果 174
どうして化石燃料を燃やすのはよくないのか？ 炭素循環 175

3・3 地球温暖化によって変わりつつある気候……179
日本の気温変化——地球温暖化とヒートアイランド 177
過去の雨と雪の変化 179
過去の気候シミュレーションから温暖化の影響を切り分ける 184
イベント・アトリビューション——この異常気象は温暖化のせいですか? 189
温暖化はどこまで予測できるのか? 191
日本の将来の詳細な気候変動予測を知りたい 193
気象キャスターコラム 関東の雪予報は闘い(今村涼子) 198
東海地方の雪——鍵は風向きと低気圧のコース(山田修作) 200
近畿地方の雪の降り方(南利幸) 202

4 地球温暖化と雪の未来

4・1 将来、雪は増えるのか? 減るのか?……206
ひと冬に降る雪は減る 207
真冬は北海道で降雪量が増加する 209
降雪量の季節変化は地域によって大きく異なる 210

北陸と北海道のドカ雪は増える？　214
なぜドカ雪が増えるのか？　216
4・2　21世紀末の冬の天気予報……221
4・3　温暖化の緩和策と適応策……231
2018年、温暖化の適応策が始まる　232
温暖化で雪害対策はどう変わるか？　234
省庁の取り組み　237
4・4　そんな未来にしないために……241
気象キャスターコラム　中国地方の雪の降り方（岩永哲）　244
四国地方の雪の降り方――南国の〝豪雪地帯〟（広瀬駿）　246
九州の雪予報の難しさ（松井渉）　248
引用・参考文献　250

1

日本の雪のいま

いきなりですが、問題です。雪はいつ降るでしょう？　答えは簡単、冬ですね。冬は気温が下がり、0度以下になると雪が降ります。ただ、標高の高い山や日本より緯度が高い（北半球では北方の）場所では、冬でなくても雪は降ります。これは、標高が高いほど気温が低く、また北ほど気温が低いためです。

当たり前のように思われているこの「北ほど気温が低い」、「標高が高いほど気温が低い」ことについて見ていきましょう。この2つは同じ「気温が低い」でも、原因がまったく異なります。両者の原因を知るためには地球の大気の構造を知る必要があります。ここからしばらく雪から離れ、大気の話になります。早く雪の話を読みたい人は、1・1節を読み飛ばしてもらって大丈夫です。

1.1 そもそも気温が低くなるのはなぜ？

北極や南極で気温が低いわけ

緯度が高いほど気温が低い理由から見ていきましょう。これは、緯度によって太陽の光の入る角度が違うことが関係しています。太陽の光が地球に対して水平に入ってきたとき、赤道付近には90度に近い角度（春分、秋分の日は90度）で太陽の光が入るために、太陽から最大のエネルギーを得ることができます。一方、高緯度になるほど、太陽からの光が斜めに入ることになり、得られるエネルギーの量が減ります（図1・1）。例えば、30度の角度で光が入ると、地面が受け取ることのできる太陽光は、直角のときと比べて半分になります（同じ日射量が2倍の面積の地面に入ることになる）。このため、太陽の光を受け取りにくい高緯度（北半球では北、南半球では南）に行くほど気温が低くなります。ただ、北半球では北極の気温が最も低いかというとそうで

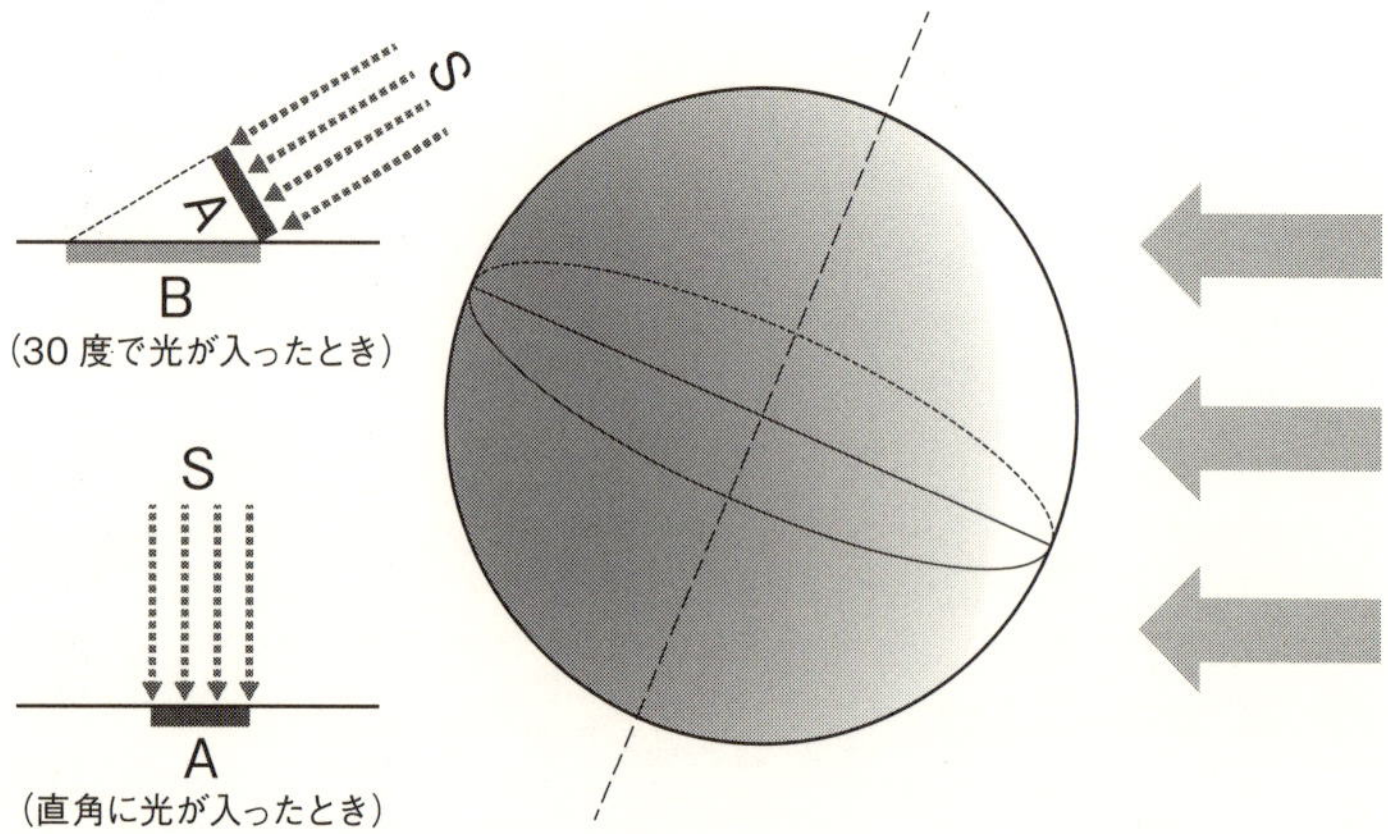

図 1.1 ｜地面が受ける太陽光（S）と入射角の関係

もなく、海陸分布や地形などの影響により、最も気温の低い地点は北極点からかなりずれます。

もう一つ、地軸の傾き、つまり地球が自転するときの軸（地軸）が約23・4度傾いていることは、地球に四季をもたらすと同時に、低緯度と高緯度の気温差をさらに大きくします。日本では地軸の傾きのおかげで四季折々の気候や風景を楽しむことができますが、高緯度ではそうはいきません。北半球の高緯度では、冬にほとんど太陽の光が入らず、北極域では一日中太陽が出ない極夜《きょくや》となります。逆に夏は、一日中太陽が出続ける白夜《びゃくや》となります。南半球では北半球と季節が裏返しになるので、北極域が極夜のときに南極域は白夜、北極域が白夜のときに南極域は極夜となります。極夜の期間は太陽のエネルギーを得ることができず、常に放射冷却によって熱が失われていきます。

ここで「放射冷却」という言葉が出てきました。放射冷却は、冬の晴れた日の朝に地上気温が下がる原因として、天気予報でもよく用いられる言葉です。ここでは光の特徴を踏まえて、もう少し詳しく見ていきましょう。人が見ることができる光は可視光線と呼ばれます。可視光線は電磁波の一種で、波長がおよそ0・35から0・8マイクロメートル（マイクロメートルは千分の一ミリメートル）程度の光です。可視光線よりも波長の短い光を短波放射、長い波長を長波放射と呼びます。雨上がりに見える虹は、光が大気中の水滴の中を通過するときに屈折・反射し、さまざまな色が見える現象です。虹は内側から順に、波長の短い紫、青、緑、黄、橙《だいたい》、赤と変わっていきます。人の目には見えませんが、紫色の外側が紫外線、赤色の外側が赤外線です（図1・2）。

短波放射は太陽などの高温の物体から出ます。太陽の光は主に波長の短い紫外線と可視光線からなり、波長の長い赤外線も一定量含んでいます。紫外線から皮膚を守る

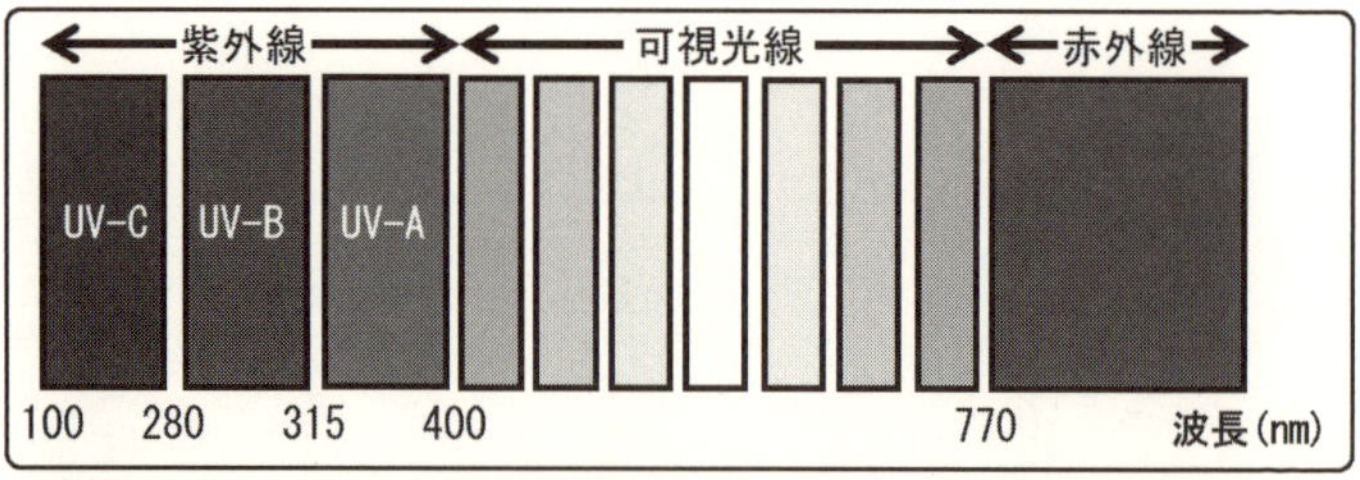

紫外線

UV-A (波長 : 315-400 nm)

大気による吸収をあまり受けずに地表に到達します。生物に与える影響はUV-Bと比較すると小さいものです。太陽からの日射にしめる割合は数%程度です。

UV-B (波長 : 280-315 nm)

成層圏オゾンにより大部分が吸収され、残りが地表に到達します。生物に大きな影響を与えます。太陽からの日射にしめる割合は0.1%程度です。

UV-C (波長 : 100-280 nm)

成層圏及びそれよりも上空のオゾンと酸素分子によって全て吸収され、地表には到達しません。

図 1.2 | 波長によって分かれる紫外線、可視光線、赤外線。nm はナノメートル。出典：気象庁ホームページ（https://www.data.jma.go.jp/gmd/env/uvhp/3-40uv.html）

ために日焼け止めを塗ることを考えるとわかりやすいですね。一方、比較的温度の低い物体からは長波放射、つまり赤外線が出ます。テレビなどで、赤外線カメラを使って暗闇の中で人や物を判別する映像を見たことがある人は多いのではないでしょうか。これは、カメラが人や地面から放射される赤外線を捕えることで、暗闇でも景色を映し出せるのです。

低温の物体である地球からは常に赤外線が出ていて、地球を冷やそうとしています。これが放射冷却の正体です。地球は、太陽から届く短波放射（紫外線）と、地球から出ていく長波放射（赤外線）のバランスをとることで、一定の気温を保っています。北極域の冬は、太陽からのエネルギーが入らないため冷えていく一方ですが、同時期に南半球では、普段よりたくさんエネルギーを太陽から得ているので、地球全体としての気温は安定しています。

ところで、たしかに地球の気温は太陽から届く短波放射と地球から出る長波放射のバランスによって決まっていますが、もし地球に大気がなければ、地上気温はマイナス約19度になってしまいます。いま、地球を人や動植物が住みやすい環境（平均気温約14度）にしてくれているのは、大気に含まれる二酸化炭素などの温室効果ガスです。一方で、温室効果ガスは地球温暖化を引き起こす原因の物質として問題視されています。これについては本書の後半（3・2節）で詳しく触れることにしましょう。

なぜ高い山では気温が低いのか?

次に、高い山で気温が低い原因を探っていきましょう。山に登ると気温が下がるのは、山に登ったことがある人なら経験的に知っているはずです。この理由を知るためには、大気の構造を理解する必要があります。対流圏では1000メートル上がると気温が約6度下がります。どうして上空に行くほど気温が低いのでしょうか。

地球の大気は、窒素が約78パーセント、酸素が約21パーセントと、ほぼこの2つの気体で占められています。それ以外にはアルゴンが約1パーセント、二酸化炭素が0・04パーセントです。皆さんはこの大気に「重さ」を感じたことはあるでしょうか?おそらくないはずです。少なくとも筆者は感じません。どんなにがんばっても、空気の重さを感じることはできないでしょう。しかし実際には、地球を覆っている空気はかなりの重さを持っています。どれくらいかというと、1平方メートルあたり、なんと約10トンの重さがかかっています。もしこの重さの荷物を背負ったら、たちまち潰れてしまいますね。ただ、実際の大気の中ではそんなことにはなりません。それは、人が体内から同じ圧力を外に向かってかけているためです。体の外と中の圧力が釣り合っているために、人は潰れずに地球上で生きていくことができるのです。

大気の重さは通常、気圧（単位面積あたりに働く力）で表します。地上ではだいたい1013ヘクトパスカルで、これが先ほどの重さに相当します。ヘクトパスカルは日常の天気予報でも使われる気圧の単位です。台風が接近すると、気象キャスターが「台風X号の中心気圧はXXXヘクトパスカル、最大風速は……」などと伝えています。以前はヘクトパスカルではなくミリバールという単位を用いていました。1ミリバールは1ヘクトパスカルに等しいのですが、単位系の世界的な移行に伴い、気象庁の表記も1992年12月1日にヘクトパスカルに変更されました。

さて、地上では1013ヘクトパスカルの気圧（1平方メートルあたり約10トンの重さ）がかかっていますが、少し標高が上がればどうなるでしょう。上に移動した分だけ、自分より上にある空気が少なくなるので、大気の重さを感じなくて済みます。つまり気圧が下がります。ざっくりいうと、大気下層では1000メートル上がると気圧が100ヘクトパスカル下がります。人は移動中に空気を取り入れ、体内の圧力と外の気圧を調整しています。ただ、車や飛行機で移動して急に高度を上げると、圧力調整がうまくいかず、耳がキーンとすることがあります。このような経験がある人は多いでしょう。人のように圧力の調整ができないお菓子の袋を上空に持っていくと、袋がパンパンに膨れ上がってしまいます。これは、お菓子の袋の中は地上と同じ気圧（1013ヘクトパスカル）であるにもかかわらず、外側にかかる気圧がこれよりも小さくなるため、袋の中から押す力が強くなるからです。これとは逆に、山の上でふたを開けたペットボトルのふたを閉めて、地上に持っていくと、ベコベコにへこみます。

では、気圧が変わることと気温が低くなることは、どのような関係があるのでしょうか？　高校で物理や化学を習ったことがある人は「ボイル・シャルルの法則」あるいは「気体の状態方程式」という言葉を聞いたことがあるかもしれません。これは、圧力と体積と温度との間には関係があり、圧力は温度に比例し、体積に反比例するという法則です。

例えば、スプレー缶から空気を出すと、スプレー缶が冷たくなります。あるいはタイヤに空気を入れすぎると、タイヤが熱くなってきます。スプレー缶の場合は、圧

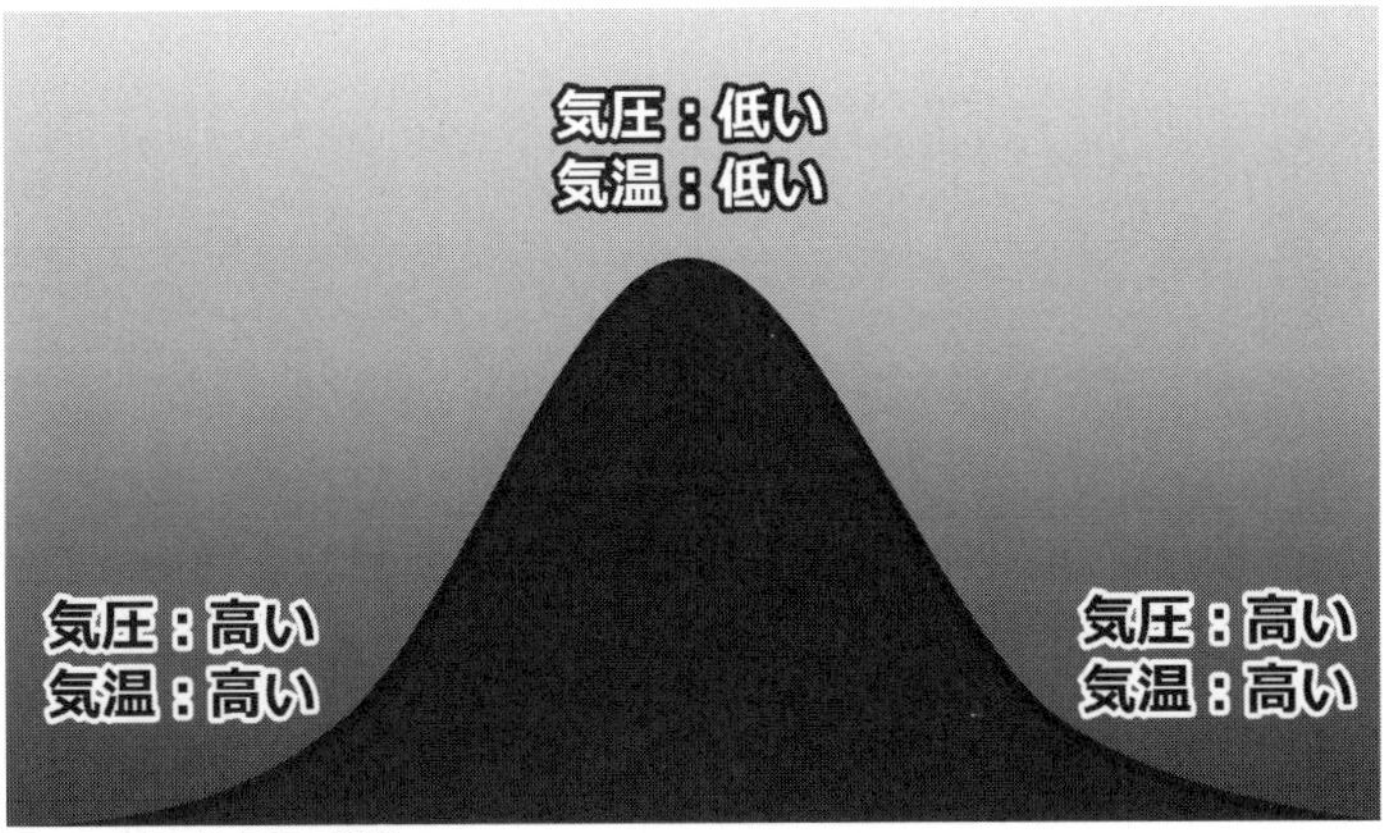

図 1.3 ｜気温と気圧の関係

縮された空気（圧力の高い空気）が放出され、スプレー缶の中の圧力が下がります。しかし、スプレー缶の体積は変わらないために、温度が下がります。タイヤの場合、空気を入れることでタイヤの中の気圧が上がるものの、タイヤの体積は変わらない（ゴムが伸びて少しは変わる可能性がありますが）ので、温度が上がります。これを大気に応用してみましょう。地上にある空気を逃がさずに同じ体積のまま上空に持ち上げることを考えます。そうすると、上空のほうが地上よりも、上に乗っている空気が少ない（圧力が低い）ために、先ほどの関係を使うと、上空のほうが気温は低くなります（図1・3）。

日本では富士山の３７７６メートルが最高峰ですが、世界には標高５０００メートルを超える山がいくつも存在します。世界の最高峰は、ヒマラヤ山脈にあるエベレストで、標高８８４８メートルです。標高６０００メートルを超えてくると、赤道域であっても氷点下となります。実際にアフリカ大陸のキリマンジャロ（南緯3度）では雪が降ります。

高度が高いと雪になるのは、山に限ったことではありません。日本でも秋から春にかけては、地上で雨が降っていても、上空は雪や氷の状態で降っている場合がほとんどです。実際に、高層気象観測を行なうバルーンにビデオカメラをつけて飛ばすと（ビデオゾンデ）、雲の中の雪や氷を直接観測することができます。夏に積乱雲が発達して雷雨になることがありますが、これは雲の中の氷が電気を帯びるためです。つまり、積乱雲の中には、真夏であっても氷や雪が存在しているのです。この氷が成長し、融けずに落ちてきたものが「あられ」や「ひょう」です。あられとひょうの違いは大きさだけで、粒の大きさが直径5ミリメートル未満をあられ、5ミリメートル以上をひょうと呼びます。積乱雲の上部には雪も存在していますが、夏の暑い時期に雪が融けずに落ちてくることはまずありません。ただ、春先の積乱雲からは、雨に混じって融けかけの雪が落ちてくることが稀にあります。氷や雪が途中で融けて雨粒に変わるこのような雨は「冷たい雨」と呼ばれます。一方、気温が高いときは、雲を構成する水滴（雲粒）が成長して雨粒になり、地上に落ちてくることもあります。これを「暖かい雨」と呼びます。

1.2 日本海側に降る雪

中緯度に位置する日本は、世界でも四季の変化がはっきりしている地域です。季節によって吹く風の向きも変わります。このような季節特有の風を季節風（モンスーン）と呼びます。世界にはいろいろなモンスーンがあります。日本の天候に影響を及ぼす東アジアモンスーンのほか、インドモンスーン、北米モンスーンなどが有名です。

モンスーンは大陸と海の温度差によって生じ、冷たい場所から暖かい場所に向かって吹きます。そのため、大陸が暖まる夏は海から陸へ、大陸が冷える冬は陸から海に吹きます。

ただ、海から陸に向かって（あるいは陸から海に向かって）まっすぐ吹くわけではありません。地球の自転や地形、地表の摩擦の影響で少し曲げられます。例えば、夏の東アジアモンスーンは、大陸や日本列島に沿う形で南西風が吹きます。一方、冬の東アジアモンスーンは、シベリア大陸から太平洋に向かって吹く北西風です。この冬季東アジアモンスーンが日本の冬の降雪に重要な役割を担うことになります。

気団変質がもたらす日本海側の雪

「日本付近は強い冬型の気圧配置になり、明日は日本海側で大雪となるでしょう」。普段、天気予報を見る（聴く）人であれば、冬に何度もこのような天気解説を耳にするのではないでしょうか。それではなぜ、強い冬型の気圧配置になると、日本海側で

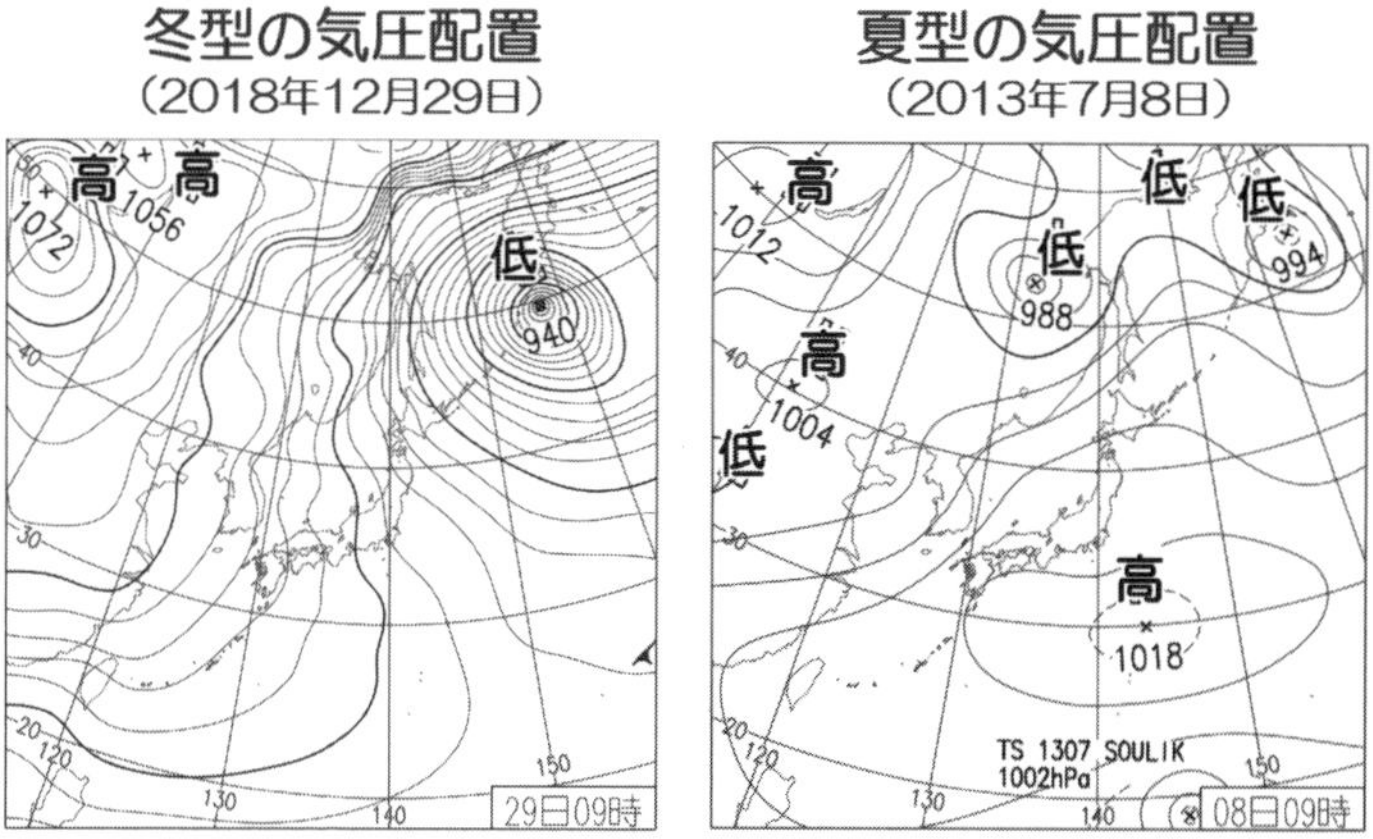

図 1.4 ｜冬型と夏型の気圧配置。日々の天気図（気象庁ホームページ）を一部加筆修正。

大雪になるのでしょうか？　そもそも冬型の気圧配置とはどのような気圧配置なのでしょうか？

　気圧配置は低気圧や高気圧などの位置関係を示したもので、季節によって特徴的な気圧配置があります。冬型の気圧配置は、いわゆる西高東低の気圧配置です。西高東低はその名の通り、「日本の西で気圧が高く、東で気圧が低い気圧配置」です。これに対し、夏は日本の南に高気圧、北に低気圧や前線が現れる天気図になりやすく、「南高北低」の気圧配置と呼ばれます。いわゆる夏型の気圧配置です（図１・４）。西高東低についてもう少し詳しく見てみましょう。日本の西のシベリア付近で強まる高気圧はシベリア高気圧と呼ばれます。一方、日本の東側で発達するのは温帯低気圧です。温帯低気圧は中・高緯度で発達する低気圧で、前線を伴うこともあります。これに対して、熱帯で発生する低気圧を熱帯低気圧と呼びます。熱帯低気圧は前線を伴いません。熱帯低気圧の中でも勢力が強いもの（最大風速17・2メートル／秒以上）が台風です。

優勢なシベリア高気圧と発達した温帯低気圧に日本が挟まれると、日本付近で単位距離あたりの気圧差（気圧傾度）が大きくなります。つまり、天気図上では等圧線が込み合います。等圧線が込み合った西高東低の気圧配置が、強い冬型の気圧配置です（図1・4左）。風はだいたい等圧線に沿って、気圧の高い側から低い側に向かって吹き、気圧傾度が大きいほど強く吹きます。等圧線が南北に走ることが多い冬型の気圧配置のときは北寄りの風が吹きますが、低気圧や高気圧の位置によっては北風から西風まで変化します。低気圧が北に偏った場合は、西南西の風が吹くこともあります。

冬型の気圧配置のときに吹く北寄りの風は、もともと非常に冷たく乾燥した風です。冬のユーラシア大陸は気温がかなり低く、氷点下20度から氷点下40度以下になることもあります。また、大陸育ちの空気はほとんど水蒸気を含んでいません。このような大陸の空気を「大陸性寒帯気団」と呼びます。大陸の空気に水蒸気が少ない理由は2つあります。一つは、大陸には海のようなたくさんの水蒸気の供給源がないこと。もう一つは、気温が低すぎて水蒸気をほとんど含むことができないことです。

少し話が逸れますが、ここで水蒸気と気温との関係をお話ししましょう。大気中に含むことのできる水蒸気量は気温に応じて変わり、気温が高いほどたくさんの水蒸気を含むことができます。皆さんも直観的に、大雨は冬よりも夏に降りやすいと感じているのではないでしょうか。夏に時間雨量100ミリや日雨量300ミリの雨が降ることはあっても、冬にこれと同等の雨あるいは雪が降ることはまずありません。気温が高いからこそ、夏の空気は大雨を降らせるようなたくさんの水蒸気を含んでいるのです。気温と大気中に含むことのできる水蒸気量との関係式を、導き出した2人の名前をとって、クラウジウス－クラペイロン（Clausius - Clapeyron）の関係式と呼びます。専門家は頭文字をとってC－C効果と呼ぶこともあります。この関係は本書後半での地球温暖化の話でも出てきますので、頭の片隅に置いておいてください。

さて、このような大陸の乾燥した冷たい空気がそのまま日本にやってきたとしても、おそらく日本海側ではほとんど雪が降らないでしょう。乾燥して寒いだけです。日本海側で雪が降るためには、冬の季節風（冬型の気圧配置）のほかに、もう一つ大事な要素があります。それが日本海の存在です。大陸性寒帯気団は、ユーラシア大陸から日本に来る前に日本海を必ず通ります。このとき、乾燥した冷たい空気が、相対的に暖かい日本海から、多量の水蒸気と熱をもらって湿った空気に変わります。冬、露天風呂から湯気が立っている状況を想像してみてください。暖かいお風呂（日本海）から水が蒸発し、周りの冷たい空気（大陸からの空気）に冷やされて湯気（雲）になります。スケールや温度は違いますが、これと似たようなことが冬の日本海上で起こっています。日本海を通過することで、大陸性寒帯気団の性質が変わることから、この過程を「気団変質」と呼びます（図1・5）。

気団変質した空気は、日本海上で雲をつくりながら、次々と日本にやってきます。気団変質によって日本海に発生する雲は、その形から筋状の雲と呼ばれます（図1・6）。筋状の雲は、日本海の水温と大陸から吹き出す寒気との温度差が大きいと発生

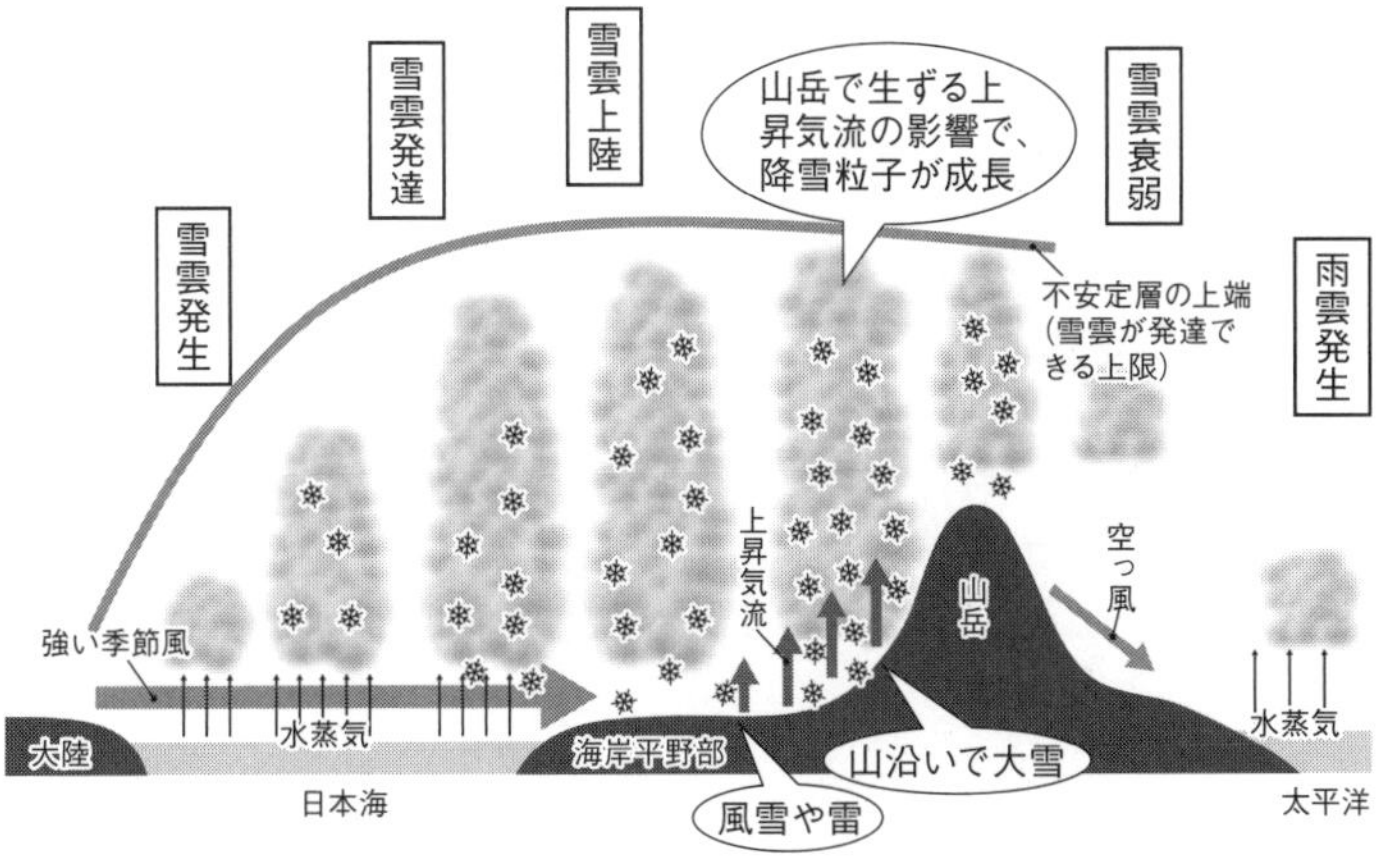

図 1.5 ｜気団変質により、日本海で雪雲が発生、発達する様子。主に日本海側の山沿いで雪が降るとき。新潟地方気象台の図を参考に作成（https://www.jma-net.go.jp/niigata/menu/kisetsu/tenkou/column02.shtml）。

します。そのため、大陸の沿岸から筋状の雲の発生位置までの距離は、寒気の強さの目安とされています。強い寒気が流入すると、沿岸近くから筋状の雲ができ、逆に寒気の流れ込みが弱まってくると、筋状の雲が発生する場所が大陸沿岸から離れていきます。

筋状の雲を気象衛星ひまわりの画像で見ると、その名の通り、まさに一筋の線に見えるのですが、実際は筋状にできているわけではありません。暖かい海の上に冷たい空気が入ると、大気下層に暖かい空気、上空に冷たい空気という状況が発生します。これは大気

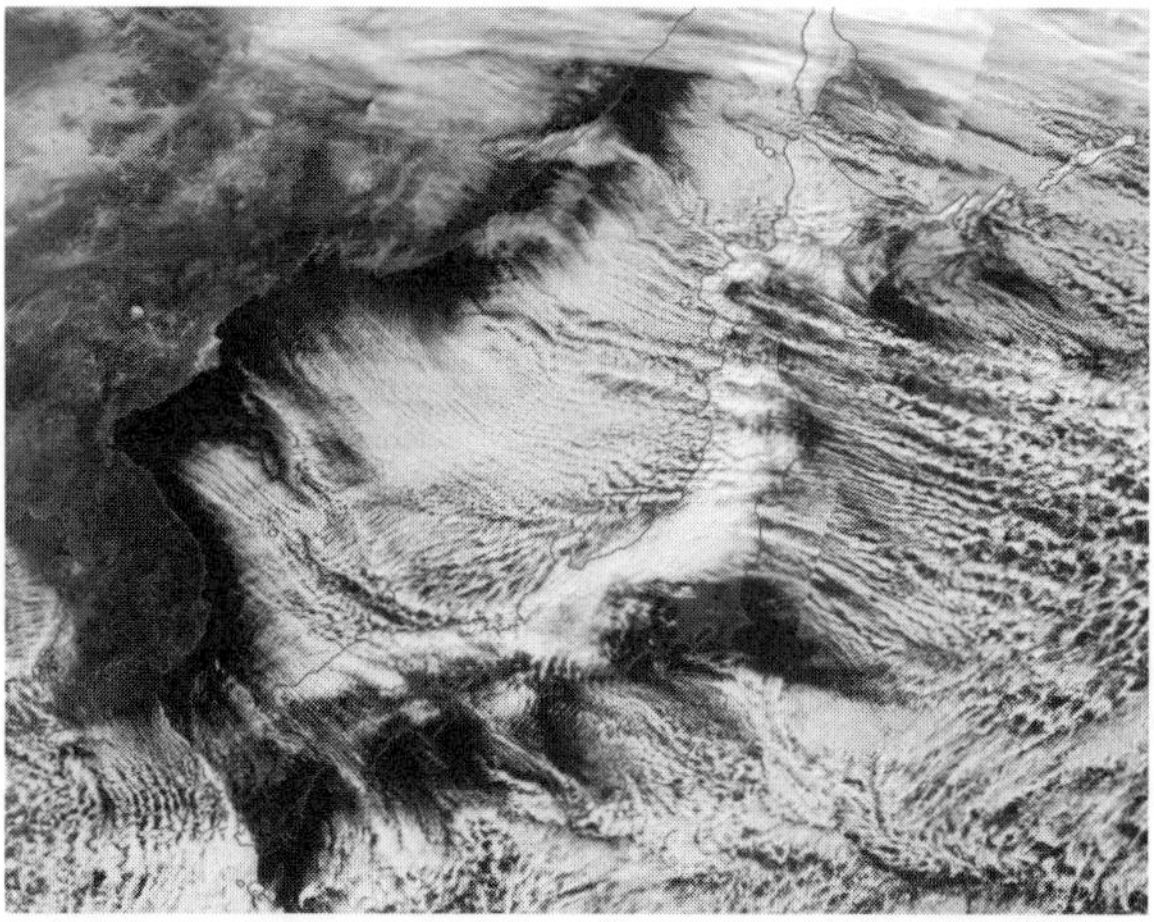

図 1.6 ｜筋状の雲（2018 年 12 月 29 日）。NASA Worldview（https://worldview.earthdata.nasa.gov/）の画像を一部切り取り。

が不安定な状態であり、大気はこの不安定を解消しようとします。その際、最も早く不安定を解消する方法として「対流」が起こります。気温差の解消方法には熱の移動（熱伝導）などもありますが、対流が起こったほうが手っ取り早く、不安定な状態を解消できます。この対流はベナール・レイリー型の対流と呼ばれます（図1・7）。

筋状の雲はもともとこのような対流によってできる積雲であり、筋状ではありません。筋状になる（あるいは筋状のように見える）のは、この積雲が日本海を吹く強い北西寄りの風に流されるためで

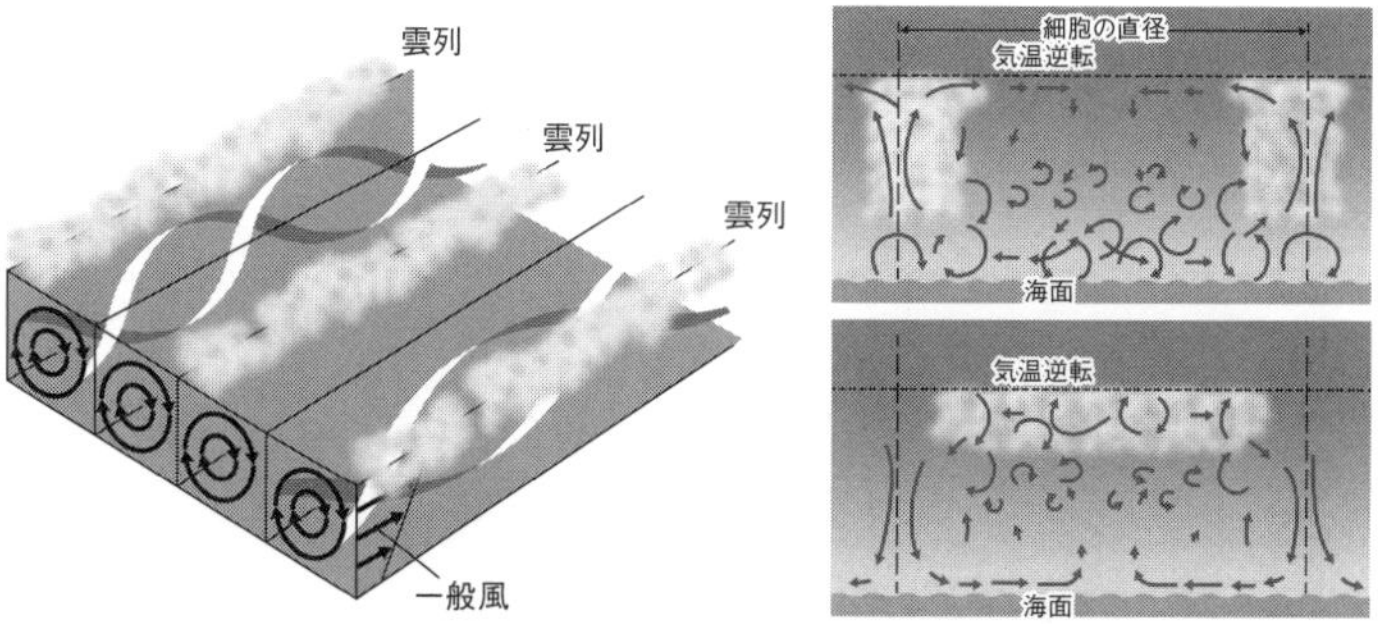

図 1.7 ｜（左）ロール状の対流の模式図。気象衛星センターの図（https://www.data.jma.go.jp/mscweb/ja/prod/pattern_10.html）をもとに作成。（右上）オープンセルと（右下）クローズドセル。浅井冨男（1996）の図をもとに作成。

す。高解像度の気象衛星や飛行機から、日本海の筋状の雲を見ると、小さな規模の積雲の塊が線状に並んでいる様子が見えます（図１・６）。これが筋状の雲の正体です。筋状の雲が日本海側の地域にかかると雪を降らせます。筋状の雲は、時に積乱雲にまで発達し、あられを降らせたり、落雷を引き起こしたりすることもあります。冬の日本海側の雷は冬季雷《とうきらい》と呼ばれます。冬季雷は夏の積乱雲で発生する雷とは異なり、一発だけで終わるものもあります（一発雷）。

　筋状の雲はたしかに日本海側に降雪をもたらします。ただ、これだけでは日本海側の内陸部や山沿いに降る多量の雪を説明するには不十分です。そこで次に鍵となるのが、本州を縦断する脊梁《せきりょう》山脈（背骨に相当する大山脈のこと）の存在です。気団変質した空気が日本に達して脊梁山脈にぶつかると、強制的に上昇させられます（地形性上昇）。この地形性上昇によって山の風上、つまり日本海斜面で雪雲が発達します。この状況は冬の季節風が吹いている間は続くので、山沿いでは継続して雪が降ることになります。脊梁山脈の中でも雪が多い、北アルプスの日本海側斜面でどのくらいの雪が降るかは、46ページで詳しくお話しします。「大陸からの寒気」「気団変質」「脊梁山脈による地形性上昇」が、日本海側に多量の雪をもたらす3大要因となります。

ところで、積乱雲は夏の場合、1万メートル以上の高さまで発達し、大雨をもたらしますが、冬季に発生する日本海側の積乱雲はそこまで高く発達しません。冬型の気圧配置のときに、飛行機に乗って中部山岳を見ると、雪雲はほとんど山にべったりついているように見えます。実際、雪雲の高さはせいぜい2000メートルから4000メートルほどのことがほとんどです。夏に比べると雲の背が低いものの、それでも山に1日で1メートルから2メートルの雪を降らせる力があります。決して侮ってはいけません。

大雪は初冬に降りやすい？

日本海側の降雪は気団変質が原因で発生しますが、北日本の日本海側や北陸以西の山沿いでは、初冬に大雪が降りやすく、晩冬に降りにくい傾向があります。これは日本海の海面水温の季節変化と関係しています。大陸から次々とやってくる寒気は、日本海から熱をもらうことで日本海を冷やしていきます。ただ、海の温度は大気のようにすぐに冷えるわけではありません。時間をかけて徐々に冷えていきます。平均すると、気温が1月下旬頃に最も低くなるのに対し、日本海の海面水温が下がりきるのは3月頃です。海面水温が高く、海面水温と大気の温度差が大きいほど、水蒸気が多く大気に供給され、雪雲が発達しやすくなります。つまり、同じような強さの寒気がやってきたとしても、海面水温が大きく異なる初冬の12月と晩冬の2月では、海面水温が高い12月のほうが大雪になりやすいのです。ただし、北陸以西の平地では、初冬は気温が高いため、雪ではなく雨になってしまうことが多いのが現状です。

山の雪と里の雪

24ページで紹介した雪の降り方は、主に山沿いで雪が多く降る「山雪型《やまゆきがた》」と呼ばれる降雪パターンです。山雪型のときでも平野部で雪が降ることはありますが、大雪になることはほとんどありません。孤立した積乱雲がかかったときに、短時間（数分～数十分）雪やあられが強まるだけです。平野部で大雪が降るには、これとは別の条件が必要となります。

平野部で大雪が降るパターンは「里雪型《さとゆきがた》」と呼ばれます。里雪型の降雪も、基本的には西高東低の冬型の気圧配置のときに起こります。ただ、等圧線が込み合った冬型の気圧配置のときではなく、日本海で等圧線が膨らんだときに発生します（図1・8）。このような天気図のときは、日本海の上空に強い寒気が存在したり、天気図には現れない小さな低気圧があったりします。上空に強い寒気が入ると、大気の状態が不安定になり、平野部でも雪雲が発達し、短時間に強い雪が降りやすくなります。また、季節風に伴う北西の風と内陸部から吹き出す冷たい風（陸風）が日本海沿岸部でぶつかるときにも、沿岸部で雪雲が発達し、強い雪が継続する場合があります。そして、北

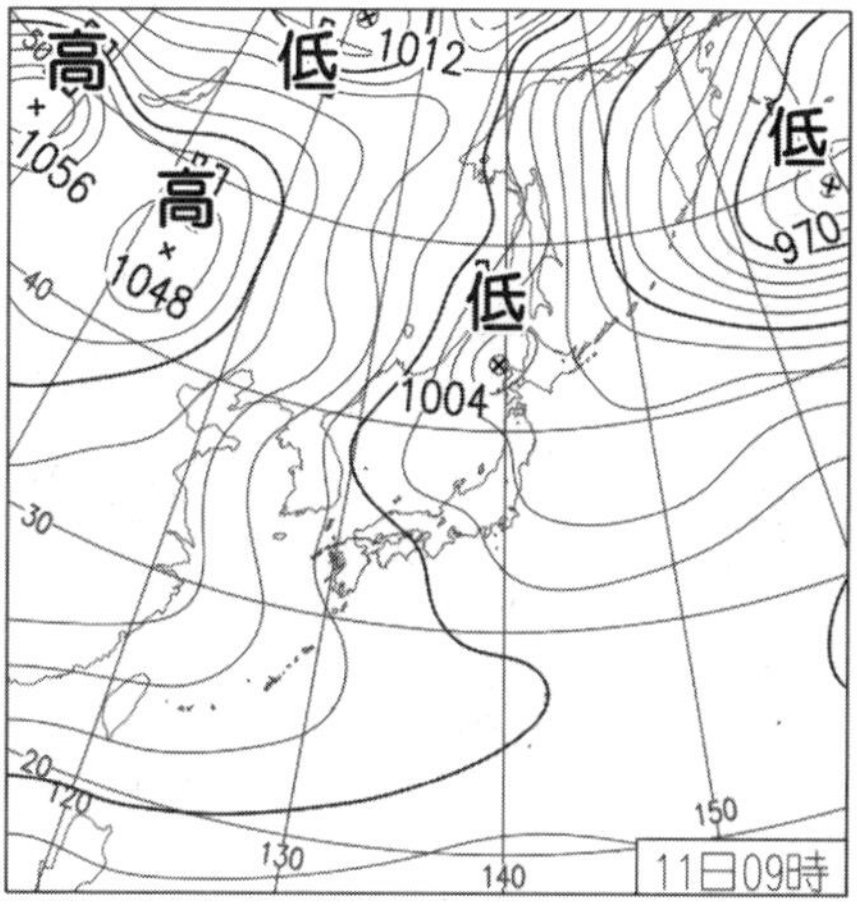

図 1.8 ｜里雪形の天気図（2018 年 1 月 11 日午前 9 時）。「日々の天気図」（気象庁ホームページ）を一部加筆修正。

陸から山陰の平野部に大雪を引き起こす最大の要因が、日本海上での大規模な風の収束です。これを「日本海寒帯気団収束帯（Japan sea Polar air Convergence Zone：ＪＰＣＺ）」と呼びます。風の収束とは、風がある特定の場所に集まることで、収束帯はそれが帯状に分布している様子を指します。事項で詳しく見ていきましょう。

日本海寒帯気団収束帯

日本海寒帯気団収束帯（ＪＰＣＺ）は、大陸から吹く北西の風が朝鮮半島に

図1.9 ｜ JPCZ発生時の気象衛星画像（2018年2月5日）。NASA Worldview（https://worldview.earthdata.nasa.gov/）の画像を一部切り取り。

ある白頭山（標高2744メートル）などの山を迂回して二手に分かれ、日本海で合流することによってつくられます（図1・9）。また、山の迂回の影響だけでなく、朝鮮半島と中国大陸の「くの字型」の陸の形がJPCZの形成に影響を与えているのではないかとする研究もあります。風が合流するJPCZ付近では上昇気流が発生し、雪雲が発達します。JPCZが陸地にかかると沿岸部でも降雪が強まり、しばらく停滞すると、人々の生活に影響が出るほどの大雪が発生します。

2018年2月に発生した福井の大雪

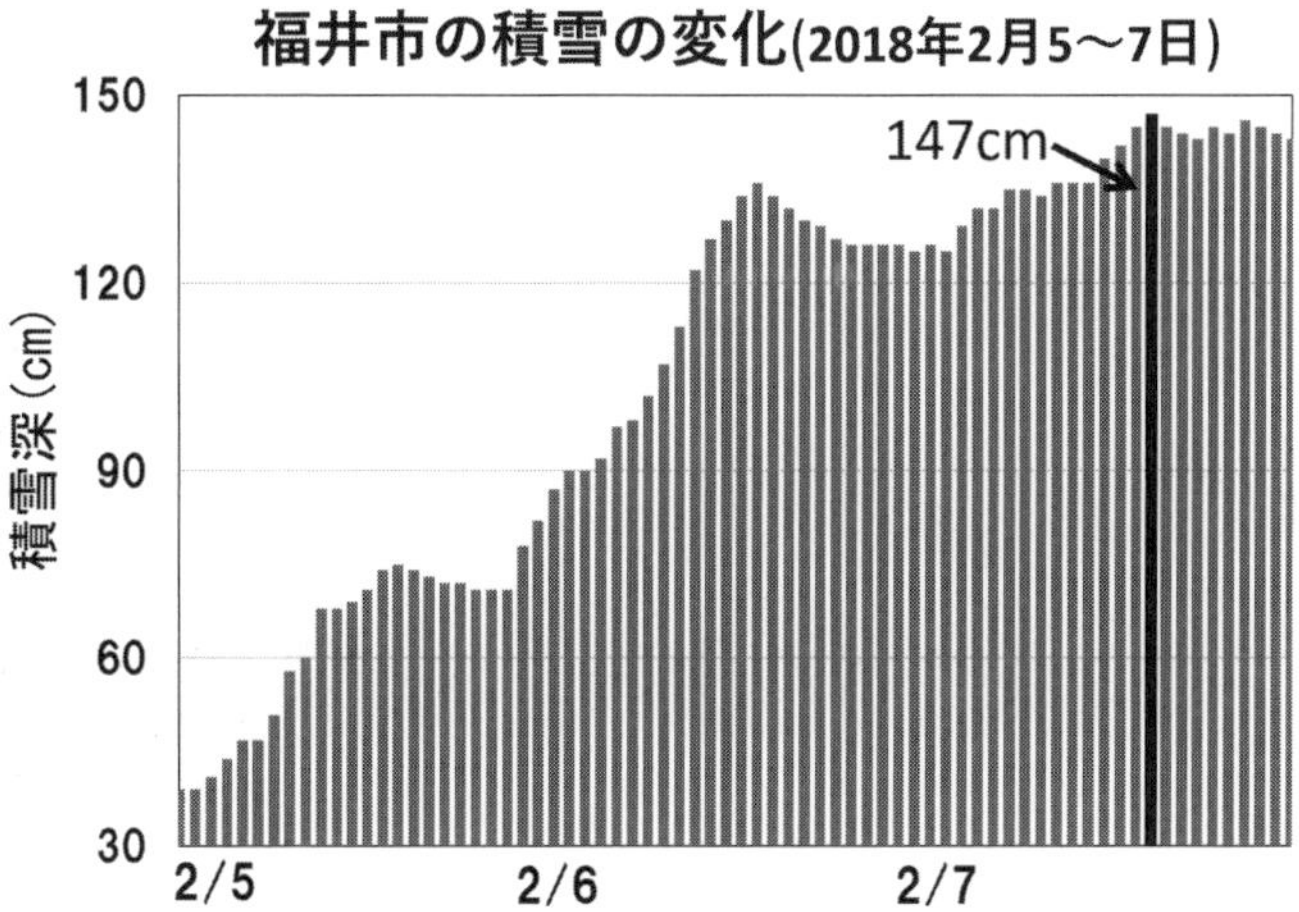

図 1.10 ｜ 2018 年 2 月 5 日から 7 日にかけての福井市の積雪変化。

（146ページ）も、このJPCZによって発生しました。福井市では、2月5日から雪の降り方が強まり、強弱を繰り返しながら、2月7日に最深積雪147センチメートルを観測しました。これは1981（昭和56）年の56豪雪以来の大雪です。56豪雪では、1月15日に最深積雪196センチメートルを記録しています。この大雪により、福井市を南北に走る国道8号線では最大で約1500台の車が立往生。交通が完全にマヒし、物流に大きな影響を与えました。2月5日から7日にかけての福井市の積雪の変化を図1・10にまとめています。福井市では5日午前と6日午前に急速に積

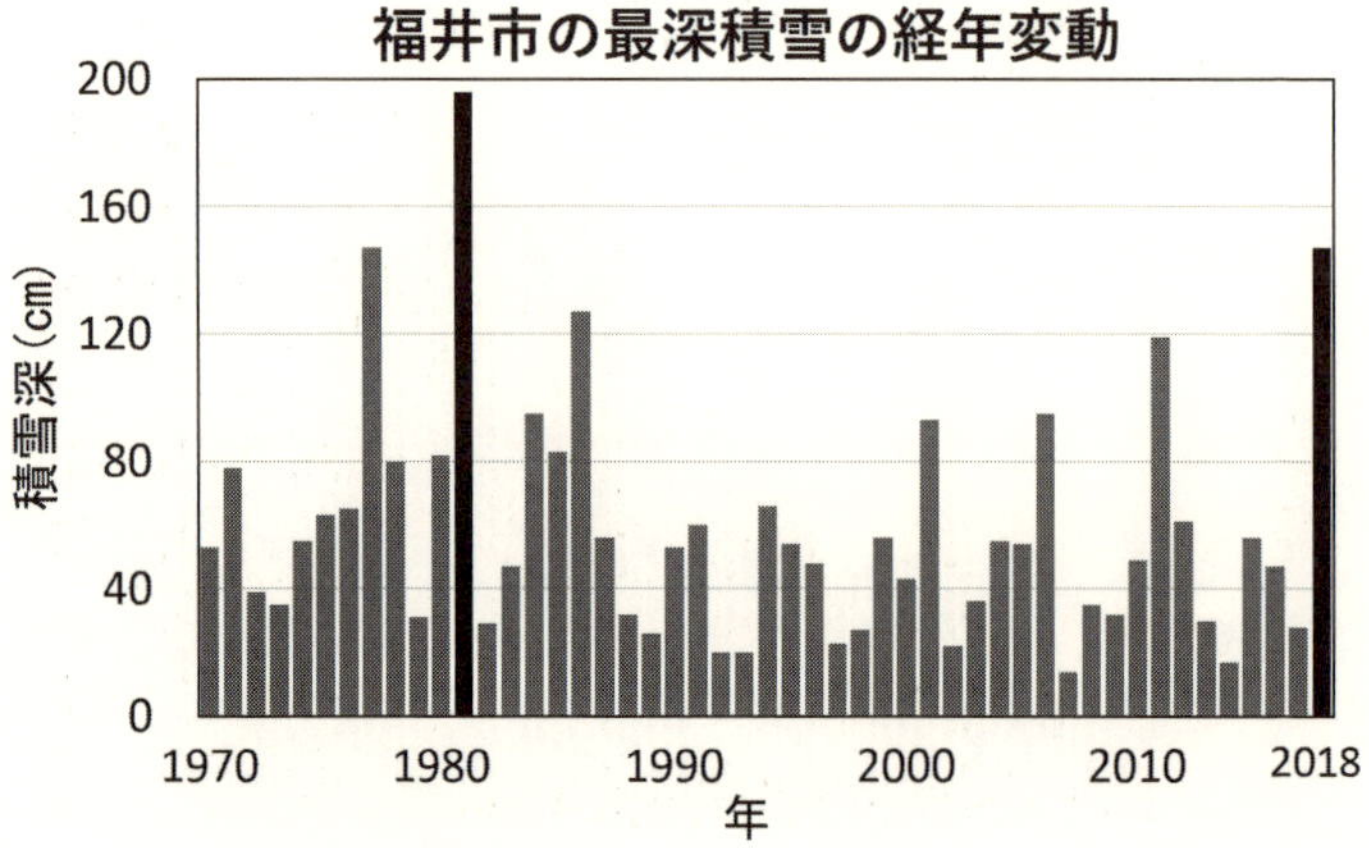

図 1.11 ｜福井市の年最深積雪の経年変動

雪が増加、７日15時に最深積雪１４７センチメートルに達しました。

雪国といわれる北陸地方でも、平野部でここまでの雪が積もるのは稀なことです。１９７０年以降の福井市の最深積雪の年々変動を見ると、数年に一度は80センチメートルを超える積雪を観測しているものの、２０１８年の大雪は２０００年以降ではかなり多かったことがわかります（図・11）。

また、この図から、１９８５年以降は雪が減っている様子もわかります。ただし、一律に減っているわけではなく、２００６年や２０１１年のように１メートル前後の雪が積もる年もときどき見られます。このような積雪の変化と地球温暖化の関係は、本書の後半でお話しするので、もう少しお待ちください。

ＪＰＣＺによる大雪は、北陸地方だけでなく山陰地方にも深刻な雪害をもたらすことがあります。２０１７年1月23日、鳥取県智頭町《ちづちょう》では1日に70センチメートルの降雪があり、最深積雪１１１センチメートルを観測しました。高速道路や一般道路では車の立往生が発生し、鳥取県には災害対策本部が設置されました。また、２０１０年末から２０１１年初めにかけても山陰地方で大雪が発生し、鳥取県の国道9号線では約１０００台の車が立ち往生しました。立往生に巻き込まれた人は、まさか年越しを車内で迎えるとは思っていなかったでしょう。また、この日は、沿岸部でも重く湿った雪がたくさん降ったため、係留中の小型船に多量の雪が積もり、３５２隻が雪の重さで転覆・沈没しました（海上保安庁 ２０１２）。

北陸や山陰は決して雪が降らない地域ではありません。平野部でも数十センチメートルを超える雪が積もることは珍しくなく、通常の雪であれば十分な対策がとられています。しかし問題は、数十センチメートルの雪が短時間で一気に積もってしまう、いわゆる「ドカ雪」のときです。ドカ雪はもともと備わっている融雪機能を大きく上回り、雪に慣れた地域においても雪害を引き起こします。日本海にＪＰＣＺが発生するときは、強い寒気が流れ込んでいることが多く、山沿いや内陸部だけでなく、平野部や沿岸部でも雨ではなく雪となります。

２０１８年は新潟県新潟市でも大雪が降り、1月11日から12日にかけて24時間で80センチメートルを超える降雪を観測しました。新潟県と聞くと豪雪地帯のイメージを持つ人が多いかもしれませんが、豪雪となるのは新潟県の内陸部や山沿いです。中でも中越の山沿いは雪が多く、気象庁の観測点がある津南町や湯沢町、魚沼市では３メートルから、多いときには４メートルを超える雪が積もります。観測点がない山沿いではもっと多いかもしれません。しかし、沿岸部ではそこまでの雪が降ることはなく、特に新潟市では、年最深積雪が10センチメートルに満たない年もあるほどです。そんな新潟市での80センチメートルですから、いかに多かったかがわかります。

このような沿岸部で降る雪は、いずれも狭い範囲に集中して降るという特徴があります。例えば、２０１８年の福井の大雪では、福井市で３日間に１３９センチメートルの降雪があり、最深積雪が147センチメートルに達した一方、隣の敦賀市の降雪量は50センチメートル、最大積雪深も42センチメートルにとどまりました。JPCZに伴う発達した雪雲がどの場所に流れ込むかによって、降雪量は大きく異なるのです。逆に、季節風が山にぶつかり地形性上昇気流によって発生する山雪は、ある程度の広がりをもって山沿いに大雪をもたらします。

ところで、JPCZの大雪のように、普段起こらない現象が起こることは、異常気象や極端現象と呼ばれます。この2つの用語はやや意味が異なります。詳しくは2章で説明しますが、異常気象には気象庁の定義がある一方、極端現象にはいまのところ定義がなく、極端な気象全般を指します。JPCZによる短期間の大雪は、異常気象というより極端現象と呼んだほうがいいでしょう。

山に積もる雪――北アルプスは雪の貯蔵庫

平野部に降る大雪は、ときにドカ雪となり、人々の生活に大きな影響を及ぼします。

一方、山に降る雪は、冬の間、強弱を繰り返しながら降り続きます。一時的に冬型の気圧配置が解消し、移動性の高気圧に覆われると、雪に覆われた真っ白な脊梁山脈の山々がその姿を現します。ただ、年にもよりますが、厳冬期に日本海側の地域ですっきりと晴れる日はわずかです。

日本で特に雪が多いと言われているのが東北と北陸の山沿いです。1980年以降、2019年までに気象庁の地域気象観測システム（アメダス）で、最も深い積雪を観測したのは、青森県の酸ケ湯《すかゆ》で566センチメートル（2013年2月26日）です。

一方、アメダスが配備される以前にまで遡ると、1927年（昭和2年）2月14日に滋賀県の伊吹山測候所（標高1375・8メートル）で観測された1182センチメートルが、気象庁の最深積雪の公式記録となっています。伊吹山ではこのほかに、1927年3月1日には1161センチメートル、同年1月31日に1121センチメートルの積雪を観測した記録があります。100年近く前の記録であり、この頃はまだ日々の観測は行なわれていませんでした。日々の観測が始まった1961年以降の記録を見ると、毎年5メートルから7メートル程度の積雪が観測されています（表1・1）。

伊吹山の年最深積雪（1960年以降）		
1位	1981年	820 cm
2位	1975年	775 cm
3位	1963年	716 cm
4位	1984年	680 cm
5位	1971年	645 cm
6位	1977年	645 cm
7位	1966年	625 cm
8位	1986年	625 cm
9位	1962年	610 cm
10位	1965年	580 cm

表 1.1 ｜伊吹山の年最深積雪（1960 年以降）

１９８０年以降で最も多かったのは１９８１年１月14日の８２０センチメートル。１９８１年は全国的にも雪が多い年であり、56豪雪と呼ばれています。１９８０～81年の日々の積雪を見ると、この冬にどのように積雪が変化したかがわかります（図１・12）。12月29日から30日にかけて、積雪が一気に１８０センチメートル増えています。また、１月13日から14日にかけても１４５センチメートルの増加が見られました。１９７５年１月には、１日で３００センチメートル、４日で７００センチメートル増えたときもありました。

伊吹山の積雪観測は１９８９年3月に終

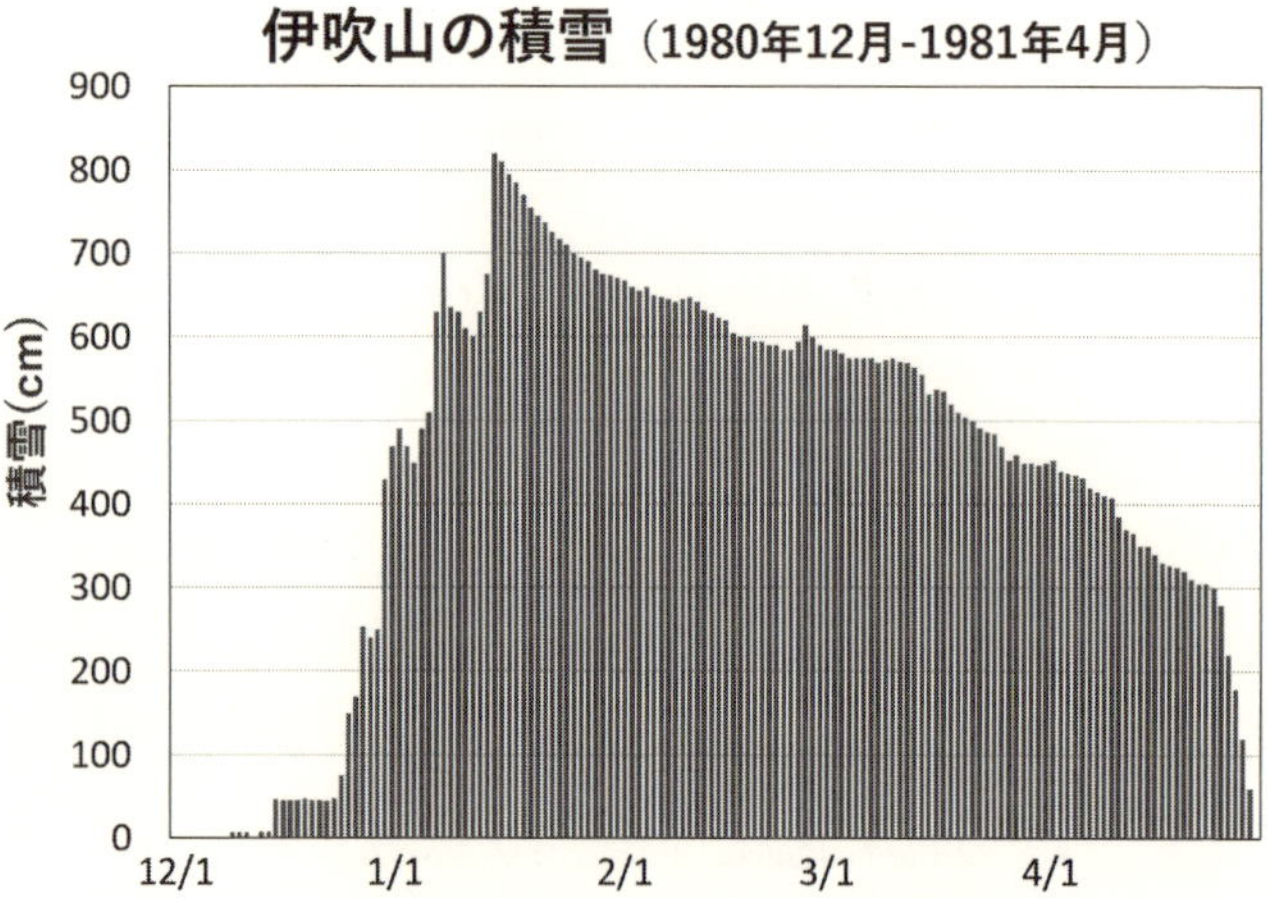

図 1.12 ｜伊吹山の積雪の季節変化（1980 年 12 月から 1981 年 4 月）

了し、気象観測も２００１年に終了しています。現状では検証が難しいのですが、この急速な積雪増加は、通常の空から降ってくる雪だけでは説明が難しく、風に飛ばされた雪が建物の周りや谷沿いに溜まる現象（吹き溜まり、雪の再配分）が起こっていた可能性があります。

　伊吹山と酸ヶ湯に次いで積雪が多いのが、新潟県守門《すもん》の４６３センチメートル、山形県肘折の４４５センチメートル、新潟県津南の４１６センチメートル、そして新潟県十日町の３９１センチメートルです（表１・２）。日本の最深積雪の上位10地点は、伊吹山と酸ヶ湯、肘折を除くと、あとはす

最深積雪（各地点の観測史上1位の値を使ってランキングを作成）					
順位	都道府県	地点	観測値		現在観測を実施
			積雪深	起日	
1	滋賀県	伊吹山＊	1182cm	1927年2月14日	
2	青森県	酸ケ湯	566cm	2013年2月26日	○
3	新潟県	守門	463cm	1981年2月9日	○
4	山形県	肘折	445cm	2018年2月13日	○
5	新潟県	津南	416cm	2006年2月5日	○
6	新潟県	十日町	391cm	1981年2月28日	○
7	新潟県	高田＊	377cm	1945年2月26日	○
8	新潟県	小出	363cm	1981年2月28日	○
9	新潟県	関山	362cm	1984年3月1日	○
10	新潟県	湯沢	358cm	2006年1月28日	○

表 1.2｜国内の最深積雪ランキング（2019 年まで）。＊印の地点は気象台や測候所など。

べて新潟県となっています。これが新潟県で雪が多いと言われる理由です。上位10地点のうち、3位と6位、8位の1981年が56豪雪、5位、10位の2006年が平成18年豪雪と呼ばれる、全国的に雪が多かった年にあたります。また、7位の1945年（昭和20年）は終戦の年です。終戦の半年前の冬に日本が豪雪に見舞われていたのは興味深い史実です。

表1・2のランキングを見て、他にも気になることがあります。それは、上位10地点のうち4地点は2005年以降の記録であるということです。近年、地球温暖化の進行により雪が減少していると考えられが

ちですが、必ずしも雪が減るわけではないことがこの表からもわかります。地球温暖化と雪の関係は、本書後半で詳しくお話しします。

さて、ここまでは気象庁が観測した積雪の公式記録を見てきましたが、気象庁の観測点がない高い山では、もっとたくさんの雪が積もるところがあります。その代表的なところとして日本アルプスの一つ、北アルプスがあげられます。北アルプスは標高3000メートルを超える山々を有する山脈で、飛驒山脈とも呼ばれます。北アルプスの中でも日本海に面した立山連峰では、毎年5メートルから多いところでは20メートル近い雪が積もることがわかっています。

山の積雪にばらつきがあるのは、積雪分布が谷や尾根、障害物の影響を強く受けるためです。これを積雪分布の不均一性といいます。春先に高い山に登ると、周りにはたくさんの雪が積もっていても、尾根線に近づくと雪がほとんどなく、地面が見えることもあります。一方、周りの雪が融けた後も、谷には多量の雪が残っている場合があります。

このような積雪の不均一性には風が大きく影響しています。尾根線では風が強いために雪が積もりにくく、積もってもすぐに吹き飛ばされてしまいます。一方、風が弱い谷では、雪が積もりやすいことに加え、周りから飛ばされた雪が溜まり、雪雲から降ってくる量より多くの雪が積もります。このような場所を「吹き溜まり」と呼びます。

吹き溜まりは谷だけでなく、建物や森林の手前にもできます。北海道などで、猛吹雪のあとに車が多量の雪に埋もれている写真を見ることがありますが、これも吹き溜まりの影響です。深い谷ではこのほかに、周囲の斜面で起こったなだれが流れ込むことでも積雪が増えると言われています。

北アルプスの立山連峰では、多量の雪や吹き溜まりを気軽に体験できる場所があります。それは、富山県から長野県に抜ける立山黒部アルペンルートです。立山黒部アルペンルートは、標高475メートルの立山駅からケーブルカーで標高977メートルの美女平まで上がり、そこから高原バスで標高2450メートルの室堂平まで約1時間で上ります。春先は高原バスの中から立山の雪を存分に体験できます。終点の室堂平の手前には、巨大な雪の壁「雪の大谷」が立ちはだかります（図1・13）。

雪の壁の高さはピークの場所で15メートルを超え、年によっては20メートル以上に

図 1.13｜立山黒部アルペンルートの雪の大谷

なることもあります。２０１９年は16メートル、２０１８年は17メートルでした。ただ、このあたりの平均積雪は、だいたい６〜７メートル程度です（それでも十分多いのですが）。雪の大谷でこんなにも積雪が多い理由は、風や雪崩によって周囲から雪が集まってくるためです。

立山黒部アルペンルートは冬季、大雪と暴風雪の過酷な気象条件となるため、12月から４月中旬までは封鎖されます。そのため、４月中旬のアルペンルート開通直後が立山の雪を見るのに最もよい時期となります。この時期に、研究者による室堂での積雪観測が行なわれているのですが、詳細は

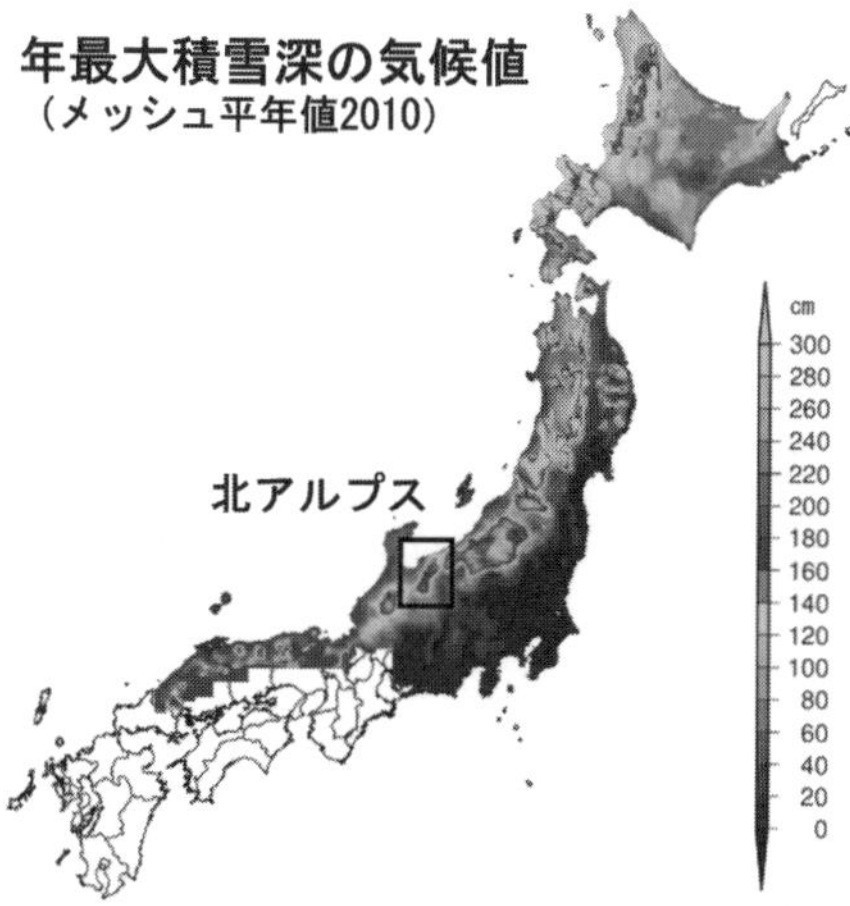

図 1.14｜年最大積雪深の気候値（気象庁メッシュ平年値 2010）。カラーは口絵２に掲載。

2章で詳しくお話しします。

図1・14（口絵2）は、気象庁が公表している年最大積雪深の平年値です。これを見て何か気づきませんか？　先ほど多量の雪が積もると説明した北アルプスの雪がかなり少なく評価されています。その理由は、この年最大積雪深の図がアメダスなどの気象庁の観測データをもとにして描かれているからです。北アルプスなどの標高が高い山岳地域には気象庁の観測点がありません。そのような山岳地域の積雪深は、最寄りの麓の観測点の積雪深を使って補間（内挿）する形で埋めています。そのため、本来は雪が多いはずの北アルプスの雪が過小評価

されてしまうのです。

このような観測点のない山岳地域の積雪を、気象モデルと積雪モデルを用いて計算する方法があります。ここでモデルとは、大気の流れや雪の積もる過程を、物理法則に基づいた数式によって表現する手法です。数式を解くことで、気温や風、降雨、降雪、積雪を求めることができます。モデルについては2章で詳しくお話しします。モデルを用いた降雪・積雪の計算は、現在の積雪分布を再現するだけでなく、地球温暖化によって将来、積雪がどのように変化していくかを調べる方法としても用いられます。

1.3 太平洋側に降る雪

関東平野に大雪をもたらす南岸低気圧の脅威

ここまでは日本海側の雪の降り方を中心に説明してきました。ただ、日本海側で雪が降るときは、太平洋側では晴れることがほとんどです。そのため、日本海側の降雪は太平洋側に住んでいる人にとっては、（一部の地域を除いて）ほとんど関係のない話です。

日本列島を東西あるいは南北に分ける脊梁山脈が存在するために、日本海側と太平洋側で大きく天候が変わります。ざっくりいうと、山脈の風上では雨や雪が降りやすく、風下では晴れやすい傾向があります。冬型の気圧配置のとき、関東平野は脊梁山脈の風下にあたります。日本海からの湿った空気は、山脈の風上にあたる日本海側の地域に多量の雪を降らせた後、乾いた空気となって山を吹き下ります（図１・５）。これを「おろし」や「空っ風」と呼び、地域によって固有の名前がついています。関東平野では赤城おろしや、つくばおろしと呼ばれる風です。

空っ風は、冬の冷たい乾いた強風として知られていますが、じつはフェーン現象の一つでもあります。フェーン現象は、山の風上より風下のほうが高温になる現象です。風上で降水がある場合とない場合で、2種類のフェーン現象が存在します（乾燥フェーンと湿潤フェーン、図１・15）。いずれも風下で高温になる原因として、天気予報でもたびたび取り上げられます。２０１９年5月26日には、このフェーン現象の影響も

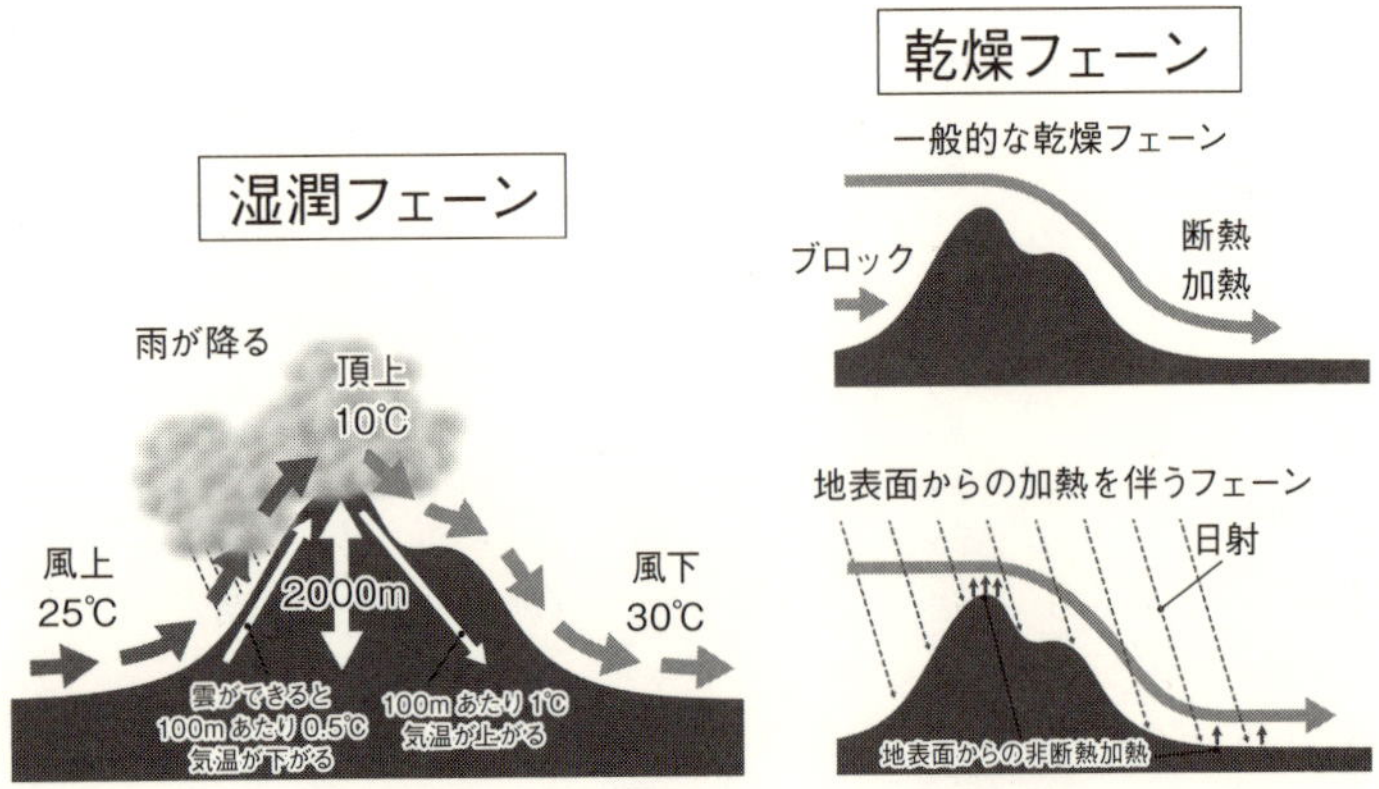

図1.15｜フェーン現象の模式図。左図の雲底は1000m。気象庁ホームページ及びTakane and Kusaka（2011）を参考に作成。

あり、北海道佐呂間町で39・5度の最高気温を観測しました。これは北海道で観測された観測史上1位の気温です（2019年現在）。冬型の気圧配置のときに起こるフェーン現象は、風上に当たる日本海側で雪や雨が発生している湿潤フェーンです。フェーン現象により、風上の北陸より風下の関東で気温が上がるのですが、もともとかなり冷たい大陸育ちの空気なので、少々気温が上がってもやはり冷たい風のままです。そのうえ、山を吹き降りる風は風速が大きいため、体感温度はかなり寒く感じます。

　少し話が逸れましたが、このような乾いた空っ風が吹き抜ける関東地方では、冬型の気圧配置のときに雪が降ることは「ほとんど」ありません。「ほとんど」と書いたのは、稀ではありますが、冬型のときにも関東で雪が降ることがあるのです。

通常、関東平野に雪をもたらすのは、本州の南海上を発達しながら東に進む低気圧、いわゆる「南岸低気圧」です（荒木 2016）。南岸低気圧が通過すると、普段はあまり雪の降らない関東平野でも雪が降ることがあり、数年に一度は大雪に見舞われ、大規模な雪害が発生します。南岸低気圧が厄介なのは、雪に弱い首都圏に大雪をもたらす可能性があるにもかかわらず、最新（2019年現在）の技術をもってしても降雪予報が難しいことです。

例えば、2019年1月31日、関東南部で最大5センチメートル、東京23区でも1センチメートルの降雪予報が気象庁から出ていました。実際には、平野では栃木県や茨城県、千葉県の一部で積雪になりましたが、そのほかの地域ではみぞれや一時的に雪になっただけでした。衛星画像で見ると、雪が積もった場所と積もっていない場所の境界がわかります（図1・16）。

以前は、南岸低気圧が八丈島の南を通れば、関東平野は雪、北を通れば雨と言われ

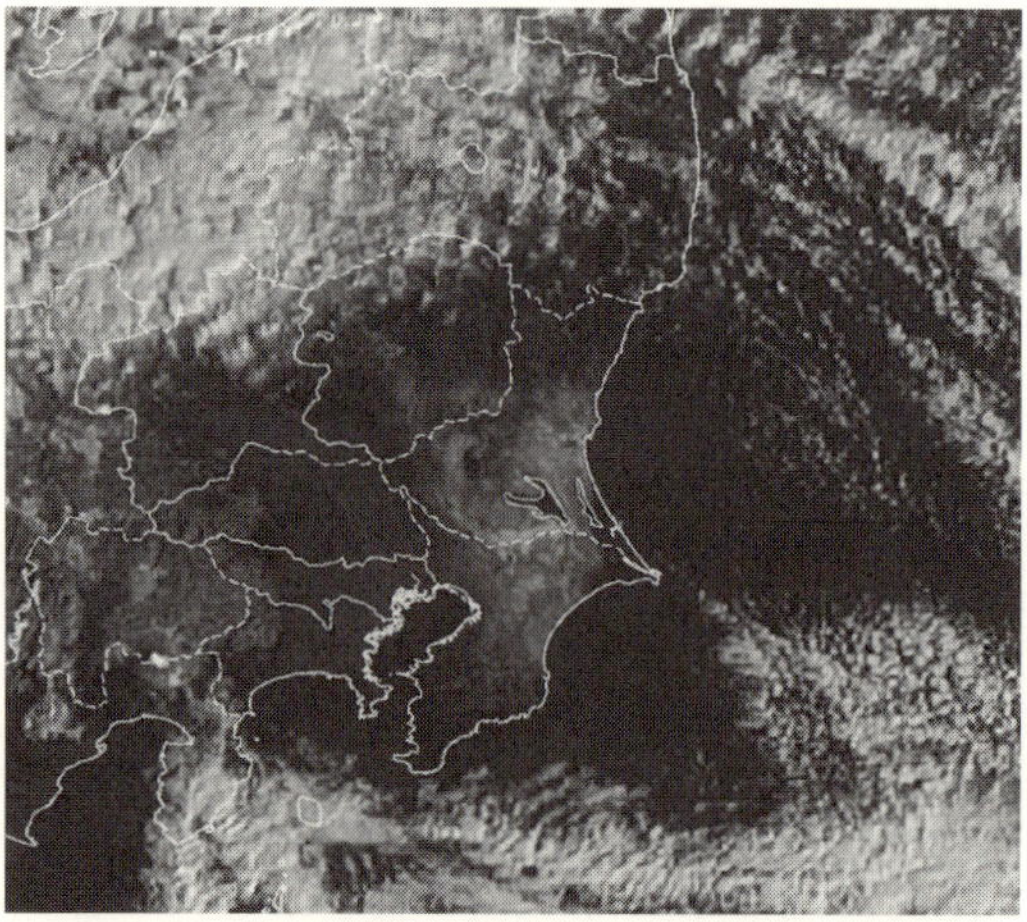

図 1.16 | 2019年1月31日の気象衛星画像。茨城県や千葉県の白っぽい部分が積雪。

ていました。ただし、実際にはそんなに単純なものではありません。南岸低気圧によって関東平野が雪になるか、雨になるか、大雪になるかは「低気圧のコース」のほか、「低気圧の発達度合い」、「関東平野に溜まる冷気」、「降水の強さ」、「降雪の融解や蒸発による大気下層の冷却」、「海からの暖気の流入」、「Cold Air Damming と呼ばれる、北東からの寒気の流入」などさまざまな要因が複雑に絡み合って決まります。そのため、関東平野の中でもわずか数キロメートル違うだけで、雨と大雪が分かれることもあります。

ここでは、それぞれの要因の特徴を見ていきましょう。

・低気圧がどこを通るか

南岸低気圧は、南の暖気と北の寒気の間で発生・発達する、いわゆる温帯低気圧です。そのため、温暖前線と寒冷前線を伴うことが多く、前線を境に気温が大きく異なります。簡単には、低気圧や前線の北側は寒冷で、南側は温暖ということになります。つまり、低気圧が関東平野の南にあり、ある程度離れていれば、寒気の影響を受けて雪が降り、逆に低気圧が陸地に近づいて暖気が入ってくると雨になります。

この基準とされてきたのが、先ほど出てきた八丈島です。また、低気圧が陸地からかなり離れて通った場合は、雨雲や雪雲が関東に届かず、曇りになります。コースの話は比較的わかりやすいのですが、これだけで雨か雪かは決まりません。

・低気圧の発達度合い

低気圧が発達すると、低気圧を取り巻く風が強くなります。低気圧の周りの風は反時計回りに、低気圧に吹き込む形で吹きます。そのため、もし関東の南で低気圧が発達すると、低気圧の周りを吹く北寄りの風も強まり、北の寒気を関東平野により多く

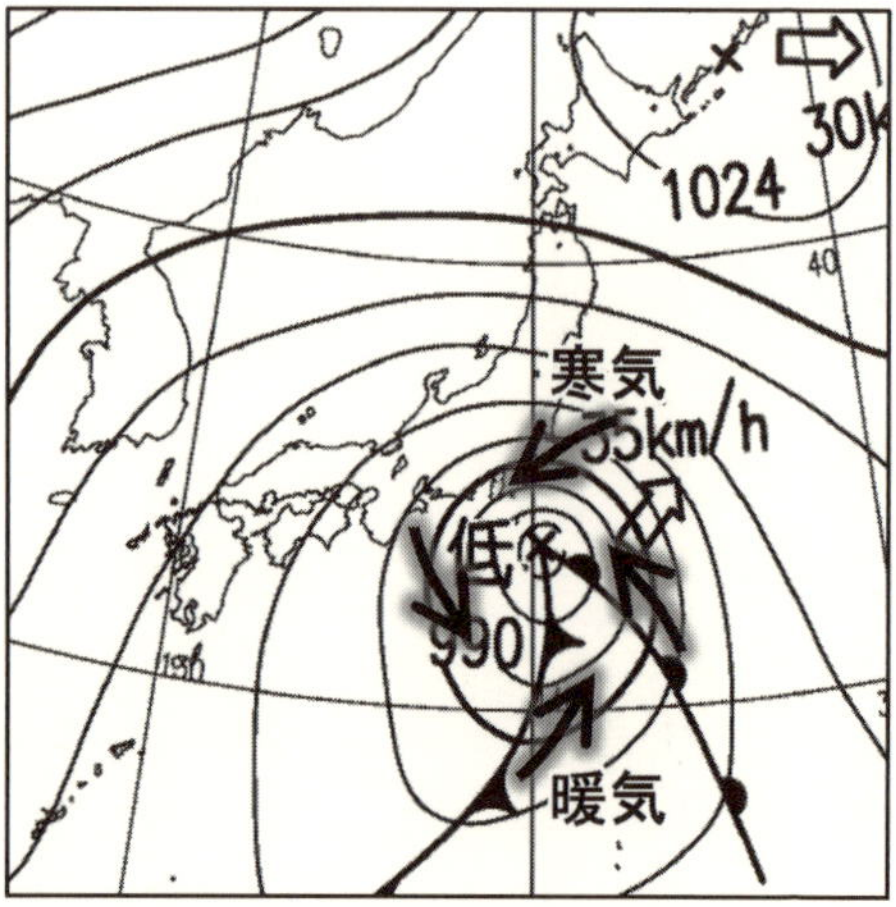

図 1.17 ｜南岸低気圧の周りの風

引きずり込むことになります（図1・17）。これによって気温が下がり、雪になりやすくなります。ただ、茨城県の沿岸部では、東寄りの風が吹くと相対的に暖かい海から風が吹くことになり、雪になりにくくなります。だんだん複雑になってきました。

・関東平野に溜まる冷気

通常、気温は地上付近が最も高く、上空に行くにつれて徐々に低くなっていきます（21ページ）。平均的には、1000メートル上がると約6度下がります。これを上空に基準を置いて考えてみると、例えば1000メートルの気温がマイナス6度の場合、上空500メートルでマイナス3度、地上では0度になる計算です。上空1000メートルの気温がマイナス3度だと、上空500メートルで0度、地上は3度です。雪は

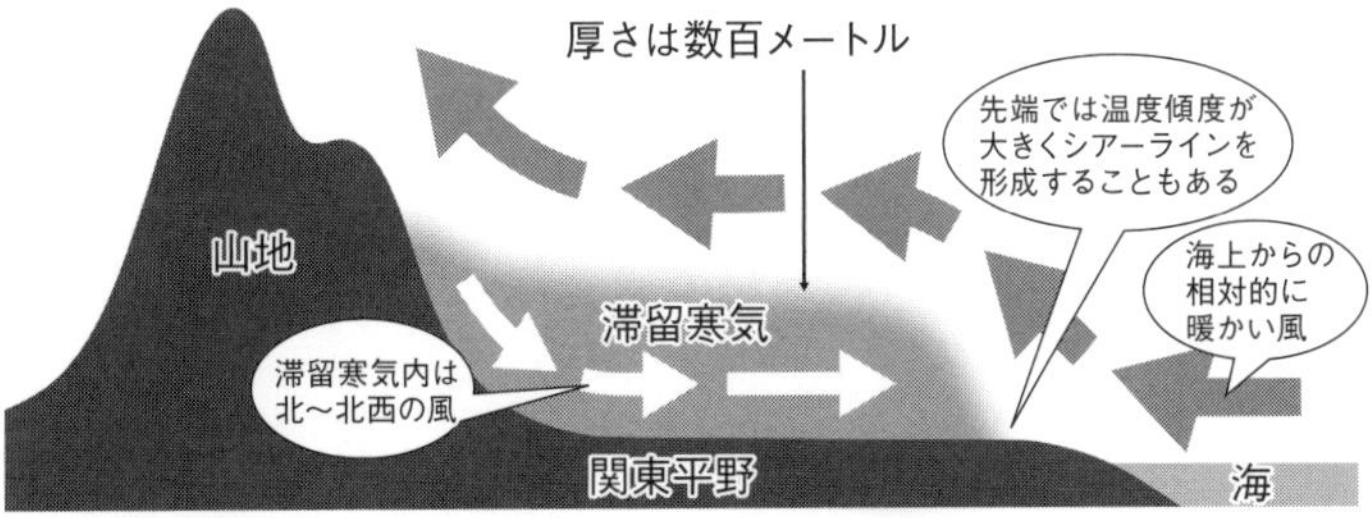

図1.18｜滞留寒気の模式図。気象庁「量的予報技術資料」第19号を参考に作成。

基本的には0度以下で降りますから、地上では前者だと雪、後者だと雨になります。ただ、南岸低気圧接近時の関東平野上空はこのように単純な気温構造をしていません。

関東平野の北側と西側には山があります。そのため、内陸部を中心に放射冷却で冷えると、関東平野の下層に寒気の層ができることがあります。これを滞留寒気と呼びます（図1・18）。滞留寒気ができる要因は放射冷却だけでなく、後で説明する、降ってくる雪の融解や昇華（雪が液体の水にならずに水蒸気に変わること）による冷却の効果もあります。

例えば、滞留寒気の厚さが500メートル程度あり、その中の気温が0度以下である状況を考えましょう。先ほど書いた通り、1000メートル上空でマイナス3度の空気は、500メートル上空では0度まで上がります。本来であれば、そこから下層はさらに気温が上がるのですが、その下に滞留寒気があると、0度以下の層が地上まで続くことになります。雪は0度を上回らないと融けないので、地上まで雪のまま降ってくることになります。

・雪自体が大気を冷やす

ここから複雑さに磨きがかかってきます。心して読んでください。

雨か雪かは周囲の気温によって変わるのですが、じつは雪自身も融けたり（融解）、水蒸気に変わったりする（昇華）と、周囲の気温を下げる効果があります。

まず、雪雲から雪が降ってきたとしましょう。雪は湿度100パーセントで気温が0度未満であれば、融けることも水蒸気に変わることもほとんどありません。そのまま落ちてきます。ただ、湿度が低く乾燥していた場合、気温が0度未満であっても、雪が水（液体）を経ずに直接水蒸気に変わる昇華が起こります。固体（雪）と気体（水蒸気）の持つエネルギーを比べると、気体のほうが固体よりもより多くのエネルギー

図 1.19 | 降雪粒子落下時の冷却の様子。蒸発（昇華）により自らを冷やす。

を持っています。直観的には、じっとしている人（固体）より、動き回っている人（気体）のほうがエネルギッシュだ！　と考えてもらえば大丈夫です。そのため、固体（雪）から気体（水蒸気）になるには、どこかからエネルギーをとってくる必要があるのです。そのエネルギー源が大気の熱です。雪は周囲の大気から熱を奪って（つまり周囲の気温を下げて）水蒸気に変わっていきます。降ってくる雪は自らが大気を冷やすことで自分自身を融けにくくしているのです（図1・19）。湿度が低く乾燥していると雪になりやすいと言われるのはこのためです。

昇華の効果で降雪が大気を冷やしたとしても、周囲の気温が0度を大きく上回ってくると、さすがに雪が融け始めてきます。雪は融けるとき、最後の抵抗を見せます。それが融解による冷却です。先ほどと同じように固体と液体を比較すると、やはり動きやすい液体のほうが、固体よりエネルギーを必要とします。そのため、固体（雪）から液体（雨）に変わるときも周囲からエネルギー（熱）を奪うことになり、周囲の気温を下げます。この効果は昇華のときと比べると絶大です。昇華による冷却は湿度が低いときしか起こりませんが、こちらは気温が0度を超えれば一斉に起こります。融け始めた雪は融けきるまで周囲の気温を下げ続けるのです。

その結果、雪（氷）と液体の水が共存する0度くらいの大気の厚い層ができます。これが融解層です。融解層が上空にあるうちは地上では雨が降り、地上に達するとみぞれとなります。先ほどの気温の高さ方向の分布で考えると、1000メートルでマイナス3度の空気が500メートルで0度になった後、降雪粒子の融解によってしばらく0度の層が続きます。融解層の厚さは、降雪粒子の大きさや大気の状態によっても変わりますが、だいたい200メートルから300メートルと言われています（松尾 ２００１、松尾・藤吉 ２００５)。つまり前述の大気中では、５００メートルから２０００メートルあたりまで０度の層が続いて、雪やみぞれが降っていることになります。すべての雪が融けきるには、さらに厚みが必要なので、３００メートル以下であっても、一部の粒子は雪として降ってきます。逆に地上を基準に考えると、通常、気温が2度を下回ってくると雨に雪が混ざってきます。

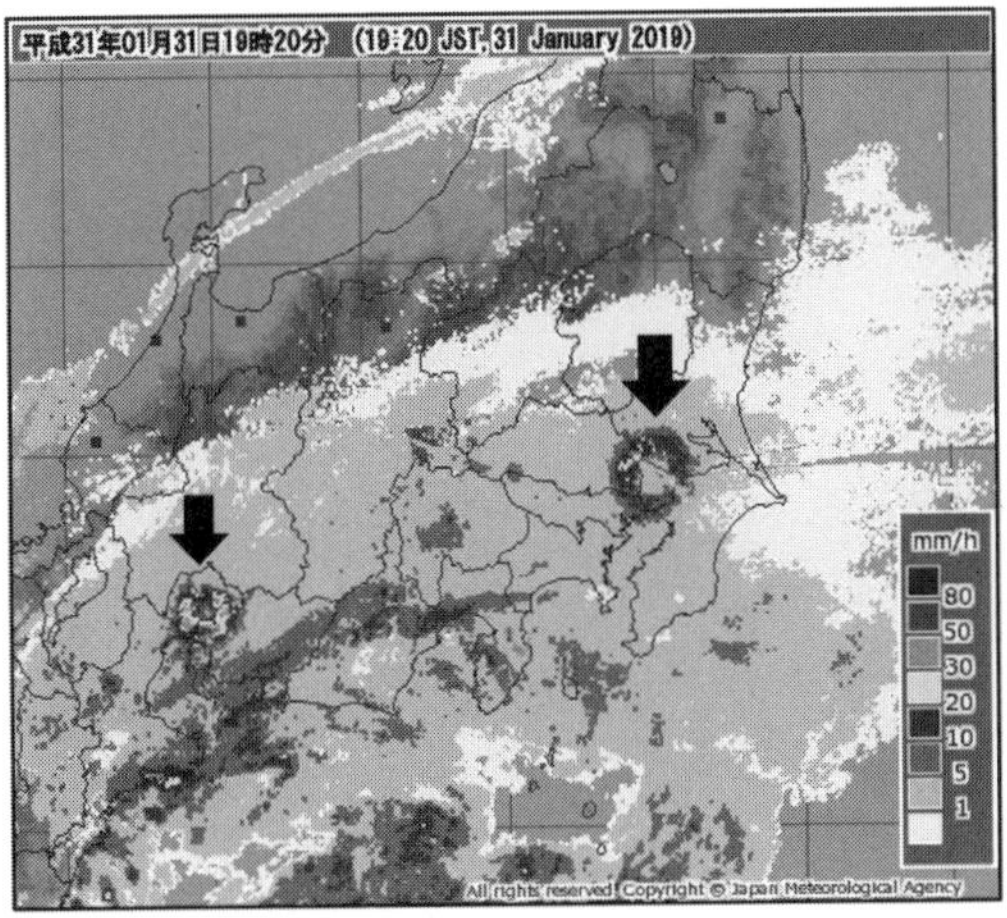

図 1.20 | 融解層に反応したレーダーエコー(ブライトバンド)

ところで、融解層が上空にあると、その層の中では融けた水が雪を包み込むことで、気象レーダーがあたかも巨大な水滴があるように誤認します。その結果、融解層を強い降雨と勘違いして、強いレーダーのシグナル(レーダーエコーと呼びます)が表示されます。図１・20が融解層に反応したレーダーのエコーです。不自然な強いエコーのリングが現れている様子がわかります。融解層はだいたい同じ高度に存在していますが、レーダー観測が異なる仰角（レーダーを発する角度）の観測データをもとにつくられているため、図のような強いエコーのリングとして観測されます。

ちなみにこのリングの幅が広いと、融解層はまだ高いところにありますが、リングの幅が狭くなってくると、それは融解層が下降していることを示します。強いエコーが中心に集まると、いよいよ融解層が地上に近くなり、地上では雨からみぞれに変わってきます。そして、この強いエコーが消えたとき、融解層はなくなり、地上でもほぼ雪になります。首都圏では千葉県柏市にレーダーがあるので、このレーダーがつくるリングの大きさが、東京都心や埼玉、茨城県南部、千葉北西部や北東部で雨が雪に変わるかどうかの目安になります。

ただ、融解層は降水強度を正確に観測するうえでは邪魔な存在です。気象庁としてはこのレーダーエコーをなるべく除去できるように努力しているので、近い将来、リング状のエコーは見られなくなるかもしれません。

・強い降水は雪になりやすい

降水の強さ（降水強度）によっても、雪か雨かが変わることがあります。降水強度が強いとき、雨の場合は雨粒が大きく、雪の場合はボタン雪のような大きな雪が降ってきます。ボタン雪が降ってくる場合、一粒のボタン雪が融けきるまでに時間がかかります。さらに粒が大きい（雪の量が多い）と、先ほどの昇華や融解によって周囲を冷やす力も大きくなります。また大きく重い粒子は落下速度が速く、気温が多少高くても融けきる前に地上に落ちてきます。これらの要因で、降水強度が大きい、つまりたくさん雪が降るときほど、地上では雪になりやすいのです。このようなときは雪の降り方が弱まると、雪は雨に変わります。

・海からの暖気の流入

次は大気下層を暖める効果です。関東沖の海水温は、真冬でも10度以上あります。そのため、特に冬季は、海上の空気は陸上の空気より暖かく、これは南岸低気圧が近づいたときも同様です。低気圧の発達具合の話をしたときに、低気圧の周辺では反時計回りの風が吹き、北側では北寄りの冷たい風が吹き込むと言いました。
ここで、完全な北風ではなく、北北東や北東の風が入ったらどうなるでしょう？茨城県や千葉県の太平洋沿岸部などでは、気温の高い空気を海上から陸上に運ぶことになります。そのため、関東平野に海から風が吹くと、下層に暖かい空気が流れ込み、降ってくる雪を融かします。南岸低気圧が関東に近づいても千葉県や茨城県の沿岸部で雪になりにくいのは、このためです。

• Cold Air Damming

いよいよ最後のCold Air Damming（ＣＡＤ）です。ＣＡＤを直訳すると「寒気のせき止め」です。これは、もともと、アメリカ東部のアパラチア山脈の大雪の原因として提唱されました。日本でも、関東から東北で似たような傾向が見られることから、南岸低気圧接近時の天気図上の特徴を示す用語として用いられています。具体的には、天気図（図１・21）において東北から関東にかけて見られる〝くぼみ〟です。
詳細を理解するためには専門知識が必要なので、概要だけ簡単に説明します。詳細は、日本気象学会の機関誌『天気』の２０１５年６月号に記載されています（荒木 ２０１５）。南北に連なる山脈（日本の場合は関東北部から東北にかけての脊梁山脈）の北に高気圧、南に低気圧の状況が発生すると、大気に働く力のバランスから、本来、低気圧の北側では東風が吹くところが北風に曲げられ、この北風が冷たい空気を北から南に運びます。これがＣＡＤです。実際には、これまでに説明した放射冷却による寒気の蓄積や、雪の昇華や融解に伴う大気の冷却などの要因も加わり、寒気のせき止めが強化され、関東平野で雪が降りやすくなるのです。

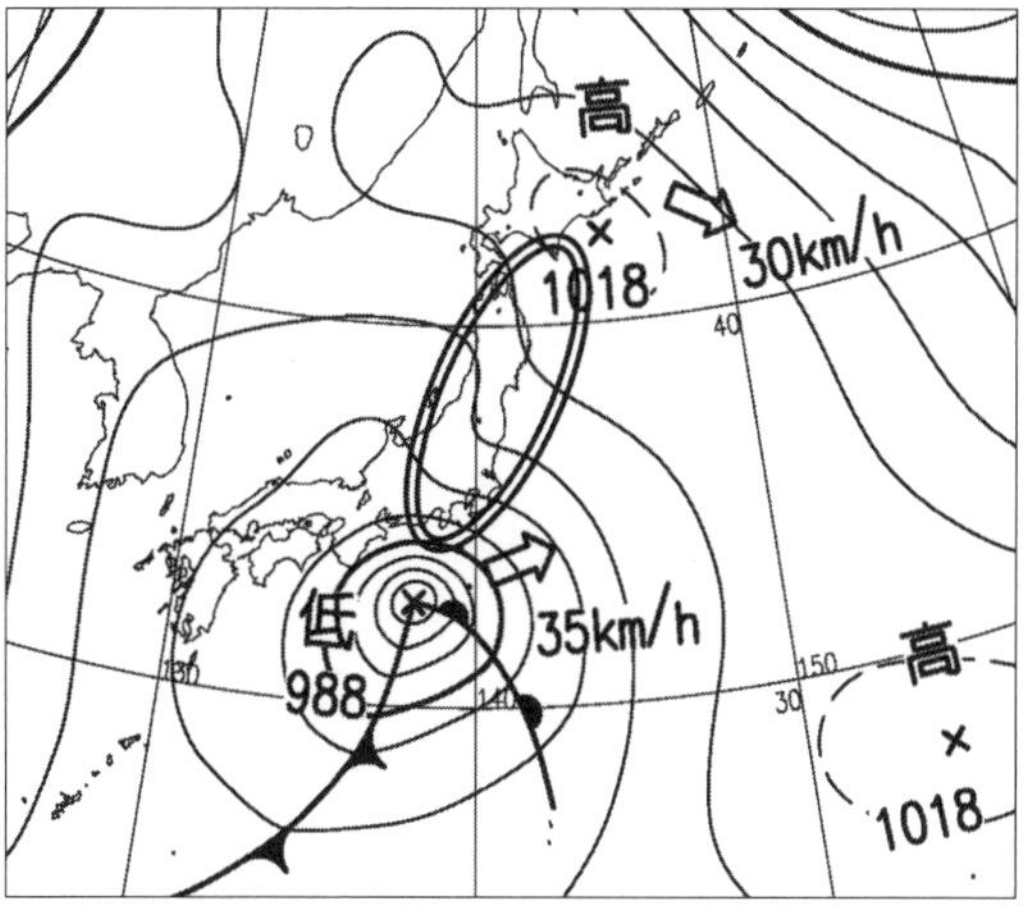

図 1.21 ｜ CAD が見られる天気図

このほかに、地表面からの加熱も影響します。ここまでに見た種々の現象が気温を下げようとしても、地表面温度が高い場合、地表面が大気下層を暖めることになり、気

温が下がらない場合があります（原 2015）

このように、南岸低気圧が接近したとき、関東平野を取り巻く環境は極めて複雑です。また、それぞれの時間・空間スケールもさまざまで、これらをすべて適切に予測できないと、正確な降雪予想はできません。198ページに、首都圏の天気予報を担当する気象キャスター、今村涼子さんのコラムがありますので、ぜひお読みください。今後もしばらくは、南岸低気圧による関東平野の降雪予想に頭を悩ませる日々が続きそうです。

南岸低気圧による関東の大雪の例——2014年2月

それでは実際に、関東で大雪が降った日を見てみましょう。2010年以降で、関東に最も深刻な雪害をもたらしたのが、2014年2月14日の南岸低気圧です（2019年現在）。この年は、その1週間前の2月8日にも南岸低気圧によって関東地方に大雪がもたらされているので、順を追って説明しましょう。

2月8日、関東では朝から雪が降り、午後から降り方が強まりました。雪は一日降り続き、埼玉県熊谷市で43センチメートル、群馬県前橋市で33センチメートル、東京都大手町で27センチメートルの積雪を観測しました。この降雪により、関東地方の道路網はマヒし、関東周辺の高速道路は、夕方まで軒並み通行止めが続きました。

このときの降雪は、首都圏では珍しく、気温が0度以下（氷点下）の中で降る雪でした。通常、関東南部の雪は気温0度より高いときに降ります。つまり、60ページで述べた融解層の中の降雪です。0度より高いと、雪は融けながら降ってくるので、雪には液体の水が含まれています。水を含む雪を湿った雪（「湿雪《しっせつ》」または「湿り雪」）といいます。べちゃべちゃした重い雪です。地面に落ちた雪の結晶を観察しようとしても、すぐに融けてしまいます。

それに対して、氷点下で雪が降るときは、液体の水が存在しません。そのような雪を乾いた雪（「乾雪《かんせつ》」または「乾き雪」）と呼びます。冬季に標高の高い山で降る雪は、ほとんどが乾雪です。乾雪は非常に軽く、吹けば飛ぶような雪です。液体の水が含まれていないので、雪合戦の雪玉や雪だるまをつくるために雪を丸めようとしても、なかなかくっつきません。乾雪はパウダースノーとも呼ばれ、スキーヤーやスノーボーダーには人気です。

少し話が脱線しましたが、このような乾いて密度が小さい（同じ体積で比べると軽い）雪は、わずかな降水量でも積雪が増えます。2月8日は東京や横浜で積雪が20センチメートルを超えましたが、雪が軽く、積雪の重みでビニールハウスや建物がつぶされるような被害が出にくい雪でした。

2月8日の雪から1週間後、首都圏は再び南岸低気圧による大雪に襲われます。2月14日は気象庁の当初の予想を大きく上回る降雪となり、関東甲信地方では近年稀に見る大雪災害に見舞われました。そのときの天気図が図1・22右です。

この大雪により、山梨県河口湖で143センチメートル、甲府市で114センチメートルの最深積雪を観測しました。1週間前の雪が残っていたため、今回の南岸低気圧で新たに降り積もった雪は、甲府市と富士河口湖町でいずれも112センチメートルです。甲府市では1894年の統計開始から2014年までの最深積雪が49センチメートルであったことを考えると、このときの積雪がいかに多かったのかがわかり

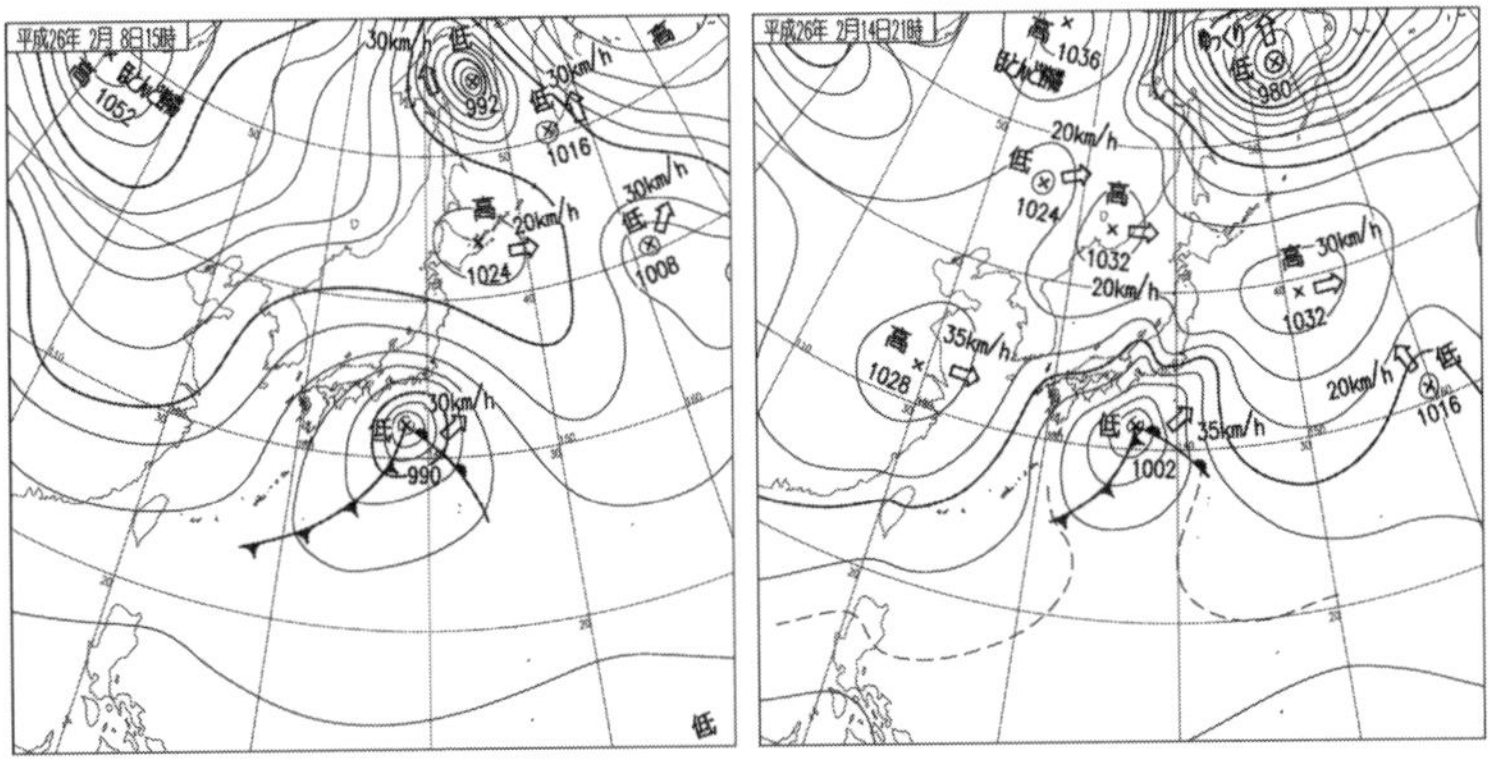

図 1.22 ｜ 2014 年 2 月 8 日（左）と 14 日（右）の天気図（気象庁ホームページより）

ます。関東地方でも北部の平野部や西部の山沿いで記録的な積雪となり、埼玉県秩父市で98センチメートル、同県熊谷市で62センチメートル、群馬県前橋市で73センチメートルの積雪を観測しました。南部の平野部では、横浜市で28センチメートル、そして東京都大手町は2月8日と同じ27センチメートルの積雪となりました。

東京では偶然、最深積雪が1週間前と同じでしたが、雪の「質」はまったく異なります。1週間前の雪は氷点下の中で降った軽い乾き雪でしたが、今回の雪は0度以上の気温で降った重い湿り雪です。関東平野では、夜、雪が雨に変わったものの、多量の積雪が雨水を蓄えるかたちになり、雪の重さがさらに増しました。そのため、雪の重みで屋根やビニールハウスの倒壊があちらこちらで見られました。

ところで、積雪の上に雨が降ることを「Rain On Snow (ROS)」といいます。ROSは日本海側の山沿いでも起こる現象です。雪の多い地域でROSが発生すると、積雪の重みが増すだけでなく、融けた雪と雨水が合わさって河川に流れ込み、融雪洪水を引き起こす恐れがあります。今後、地球温暖化の進行により、厳冬期の山岳域においてもROSが発生する可能性があり、世界的にROSが注目され始めています。

2014年2月14日の大雪は被害が大きかったこともあり、研究者による緊急の集中調査が行なわれました。現地の大雪災害調査から、気象学や雪氷学に基づく大雪の発生メカニズムの研究まで、幅広い視点で実施されました。

今回、雪が長時間降り続いた要因として、南岸低気圧が関東の南で速度を落とし、停滞したことがあげられます。なぜ速度を落としたのか。それは日本の東で、通常の低気圧や高気圧よりも一回りスケールの大きいブロッキング高気圧（ほとんど移動せず停滞する高気圧）が存在していたためだと言われています。ブロッキング高気圧が、日本の東に進もうとする南岸低気圧をブロックしたために、南岸低気圧の移動速度が遅くなり、関東甲信地方で雪が降り続いたと考えられます（Yamazaki *et al.* 2015）。

ところで、2月14日の大雪では、広範囲で観測史上1位の記録を塗り替えたにもかかわらず、大雪の特別警報は出されませんでした。大雪の特別警報は「府県程度の広がりをもって、50年に一度の積雪深となり、かつ、その後も警報級の降雪が丸一日程度以上続くと予想される場合」に発表されます。今回、山梨県では前半には該当しましたが、後半の「その後丸一日以上続く」ということはないと判断されたため、特別警報の発表は見送られました。現状では、関東の南岸低気圧に伴う短期間の大雪には適用困難な基準となっています。短時間の大雪に関して、気象庁は「記録的大雪情報」（仮称）を発表する方向で検討が始まっています（2019年現在）。数年に一度程度しか発生しない短時間の大雨を観測または解析したときに発表される「記録的短時間大雨情報」と類似の情報が、今後は大雪に関しても発表されることになりそうです。記録的大雪情報は、2014年の関東甲信の大雪や2018年2月に発生した福井大雪（146ページ）のような、短期間で記録的な大雪が発生したときに、厳重な警戒を促すような情報となるでしょう。

南岸低気圧以外の関東平野の降雪

関東地方でも南岸低気圧以外で雪が降ることがあります。上空を強い寒気が通過するときや、局所的に風が収束するときです。上空を強い寒気が通過するときは、大気の状態が不安定となり、関東平野の上空で雨雲・雪雲が発達しやすくなります。一方、冬型の気圧配置のときに、中部山岳にぶつかった北西の風が2つに分かれて、それが関東平野でぶつかることがあります。風と風がぶつかったところ（風の収束帯）では上昇気流が発生し、上昇気流に伴って雪雲が発達します（図1・23）。

収束帯や上空の寒気が原因で発生した雪雲は、南岸低気圧のときとは違い、全体的には乾燥した大気の中で局所的に積乱雲のように湧き立ちます。そのため、そこでできた雪やあられは乾燥した大気の中を蒸発しながら（正確には、固体から直接気体になるので昇華しながら）落ちてきます。降ってくる雪の量が少ないと、途中ですべて蒸発（昇華）して消えてしまいます。

このようなときの雲を見ると、雲から下に垂れ下がっているものやっとしたものが地

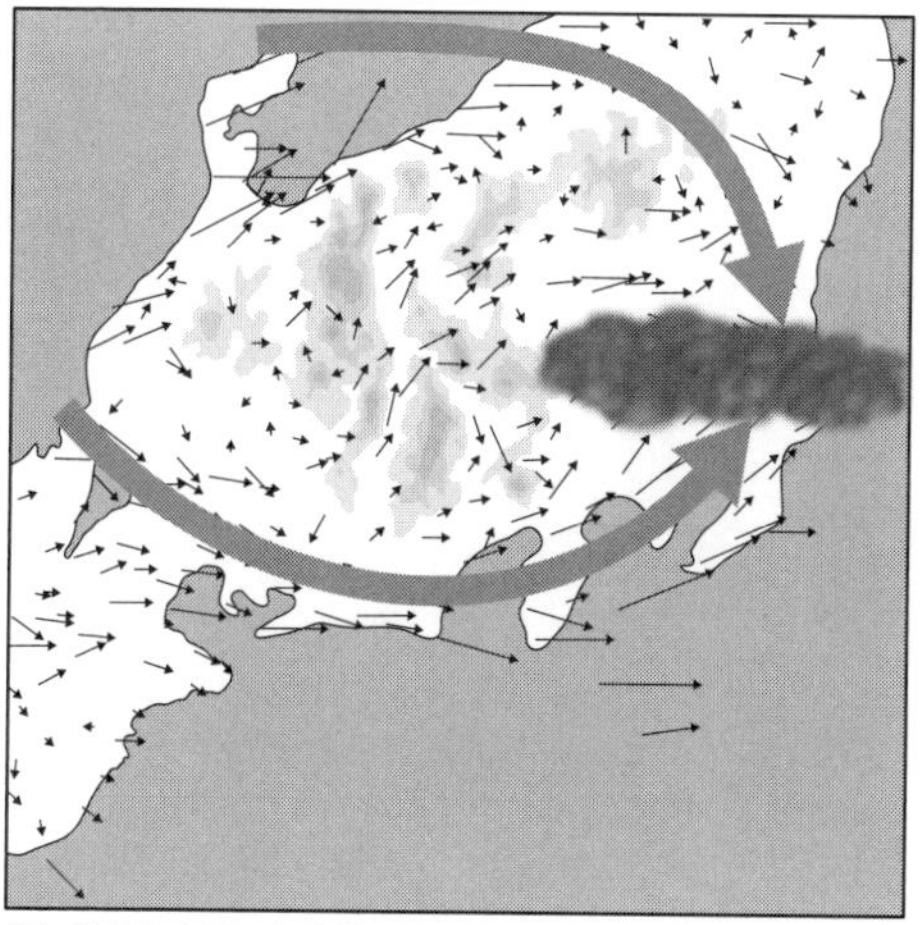

図 1.23｜関東平野で発生した風の収束帯。Kawase *et al*. (2006) をもとに作成。

上に届かずに消えていく様子を見ることができます（口絵3）。このような雲は尾流《びりゅう》雲《うん》と呼ばれます。「雲」と名前がついていますが、もやもやしたものは、雪やあられ、気温が高い場合は雨で、正確には雲ではありません。

地上に落ちてくる前に蒸発したとしても、途中までしっかり降っているので、もしそこまで飛んでいくことができれば、雪やあられを見ることができるでしょう。実際にそんなことはできませんが、そこに山があれば、山では雪が降っていることになります。雲がさらに発達して、降ってくる量が昇華する量を上回ると、地上でも雪やあら

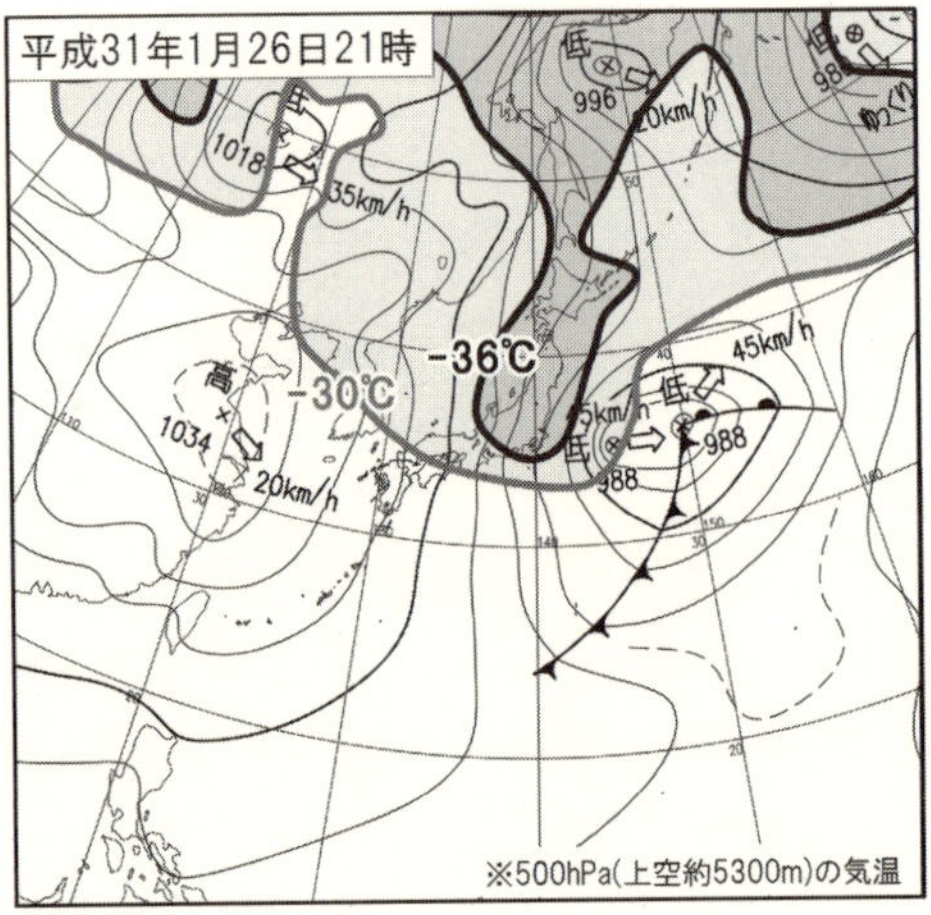

図 1.24 ｜ 2019 年 1 月 26 日の地上天気図と上空 (500hPa) の寒気の様子。

れが落ちてきます。

関東で大気の状態が不安定なときに降った雪の例を見てみましょう。２０１９年１月26日、関東地方の上空約５３００メートルに、氷点下36度以下の強い寒気が入ってきました（図１・24）。この日、茨城県つくば市では午後から雲が広がり、15時半過ぎから雪が降り始めました。南岸低気圧以外で降る非常に珍しいパターンです。積雪にはなりませんでしたが、17時まで断続的に降りました。

興味深いのはこの日の気温です。雪の降る直前のつくば市の気温は８・２度（15時）もありました。雪の降っている

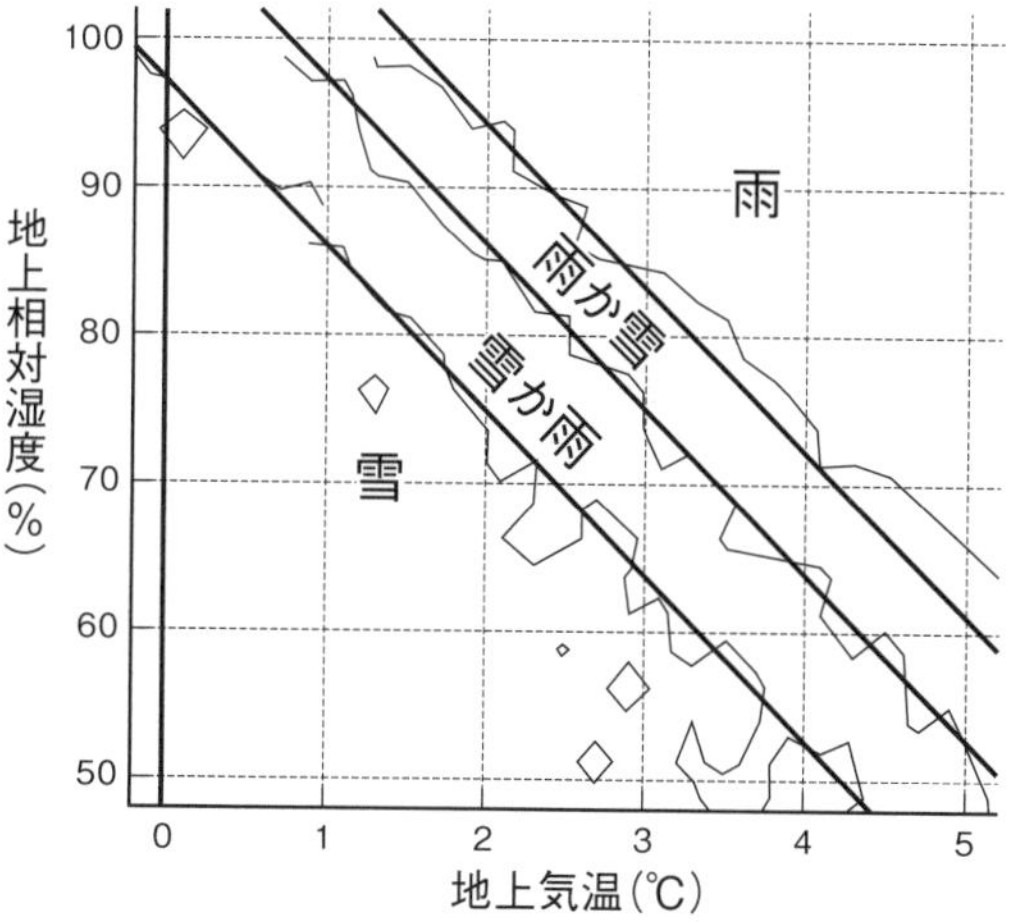

図 1.25 | 気温と湿度による雨雪判別。古市 (2009) をもとに作成。

16時の気温も5・2度です。通常は、ここまで気温が高いと、雪は落ちてくる途中で融けて雨に変わります。ところが、この日は大気下層が極めて乾燥していたこと、上空がかなり冷えていたこと、夏の夕立のような積乱雲からの降雪であったことなどが重なり、かなり高い気温での降雪となりました。湿度が低いときに雪になりやすい要因は58ページで説明した通りです。気温と湿度の雨雪の関係を示した図を見ると、たとえ気温が高くても、湿度が低いと雪になることがわかります（図1・25）。

1.4 冬型でも太平洋側で雪が降る？

ここまで、冬型のときは日本海側で雪が降り、太平洋側では南岸低気圧や稀に上空の寒気などで雪が降ると説明してきました。ただし、例外があります。東日本から西日本の太平洋側の地域でも、東海や四国などでは、冬型の気圧配置のときに雪が降ることがあります。

東海地方では、若狭湾からの雪雲が関ヶ原を抜けて、岐阜市や名古屋市、三重県北部にやってきます。通常は降雪があっても積雪にはならないのですが、上空の寒気の強さや風向きによっては、名古屋市でも数センチメートルから十数センチメートルの積雪になることがあります（200ページのコラム）。三重県四日市市では、1995年12月25日から26日にかけて、冬型の気圧配置により、53センチメートルの積雪を観測しました（気象庁の四日市の観測は1997年に終了しています）。一方、南岸低気圧の場合は、東海地方は関東地方と異なり、大気下層の冷気の蓄積の効果

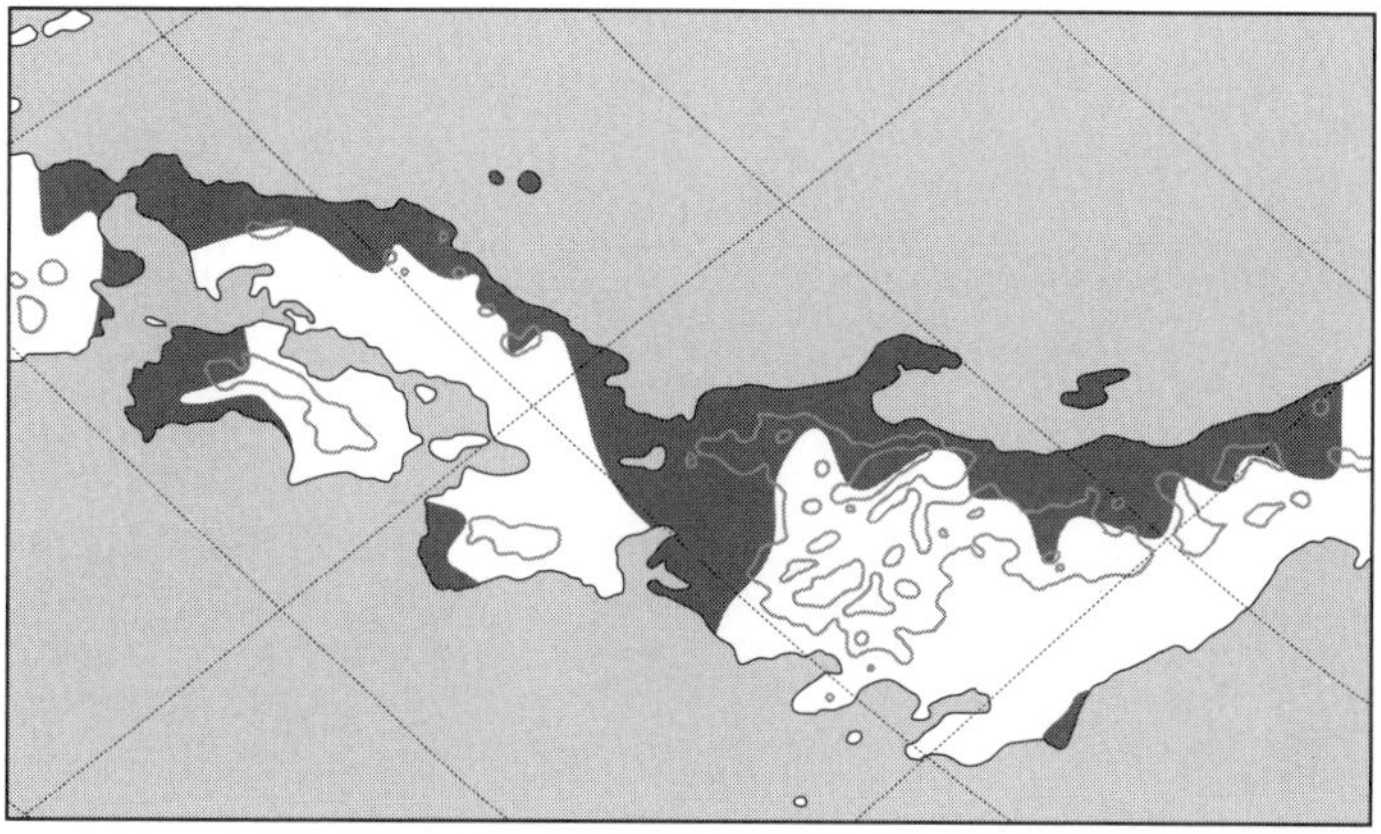

図 1.26｜冬型の気圧配置で大雪のおそれがある地域（黒色）。白いところは南岸低気圧で大雪の恐れがある地域。Kawase *et al.*（2018）をもとに作成。

（56ページ）が弱いため、雨になることがほとんどです。その結果、東海地方では南岸低気圧よりも冬型の気圧配置のときに大雪になりやすいと言われています（図1・26）。

四国山地は冬型の気圧配置と南岸低気圧の両方で雪が降りやすい地域です（246ページのコラム）。冬型の気圧配置のときに中国山地で雪を降らせた雲は瀬戸内海で消えますが、その空気が瀬戸内海を通過したあと、再び四国山地で上昇し、雪雲として再発達します。冬型の気圧配置のとき、四国の沿岸部から四国山地を眺めると、常に雪雲がかかっている様子がわかります。

一方、豊後水道を抜けた日本海からの雪雲は、中国山地にぶつからずにそのまま四国の西部にやってきます。この場合は山岳部だけではなく、愛媛県の南予の平野部でも警報級の雪が降ることがあります。四国ではこのほか、徳島県の山沿いでも冬型で雪が降ることがあります。2014年12月5日から6日にかけては、徳島県西部の山間部を中心に大雪となり、集落の孤立や停電、交通障害が発生しました。四国も場所によっては立派な積雪地域なのです。

ちなみに、南西諸島や伊豆諸島を除いて、最も雪が降りにくい場所はどこだかわかりますか？　それは宮崎県と静岡県の太平洋側です。気象庁の観測によると、宮崎市の1年間の平均の降雪日数はわずか1・3日、静岡市が2・6日です。ちなみに鹿児島市は5・5日、東京（大手町）は9・7日、名古屋市は16・6日もあります。雪雲は風向や日本の地形の兼ね合いで発生、発達する場所が決まります。そのため、ほんの数キロメートル離れるだけで、雪景色か青空かが変わるような場所が全国各地にたくさんあります。

日本では地域によって雪の降り方が異なります。本書のコラムでは、北海道から九州まで、それぞれの地域の気象キャスターが各地域特有の雪の降り方を紹介していますので、ぜひ読んでみてください。

1.5 台風が大雪をもたらす？

本章の最後に、少し興味深い話をしましょう。それは台風と雪です。台風は主に、夏から秋に熱帯で生まれるのに対し、雪は冬に中高緯度で起こる現象なので、それらが同時に発生することはないと思われるかもしれません。ただ、稀にですが、台風によって大雪がもたらされることがあります。それが起こるのが北海道です。

1・3節では、南岸低気圧が太平洋側に大雪をもたらす可能性があると書きましたが、これと同じことが北海道でも起こりえます。北海道の場合、日本海や太平洋からやってくる低気圧が北海道の南を通過するときに、関東の南岸低気圧と同じような状況が

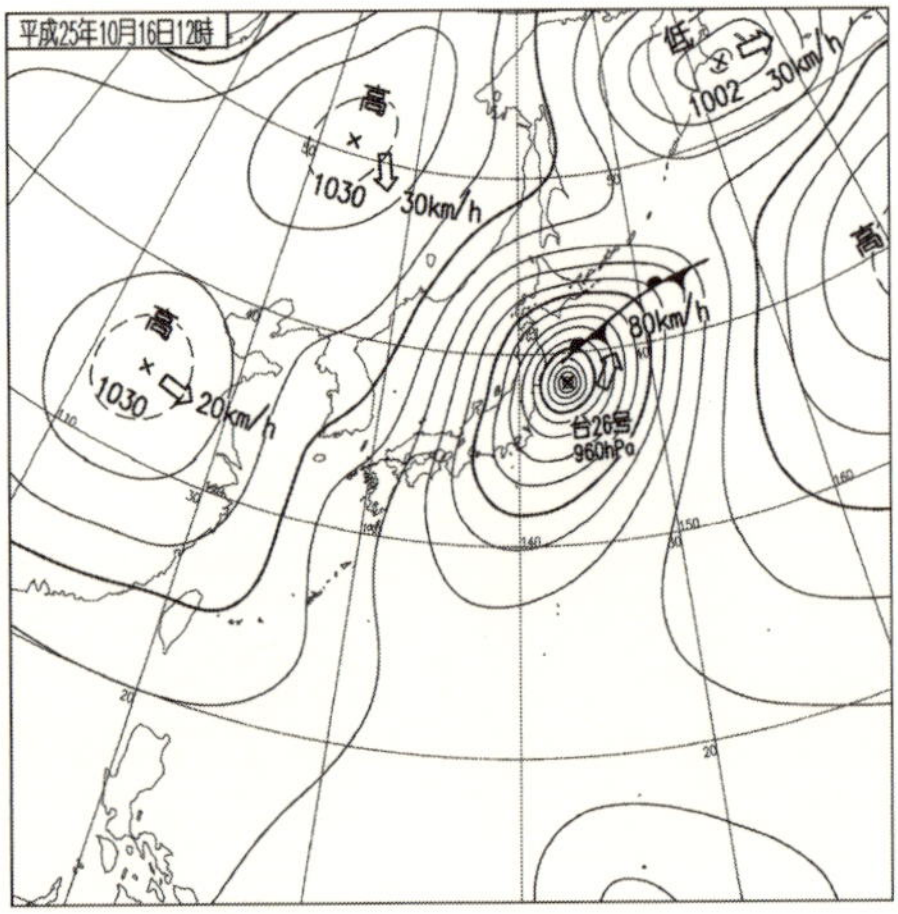

図 1.27 ｜ 2013 年 10 月 16 日の地上天気図

発生します。特に十勝平野では、関東平野と同様に寒気が蓄積しやすく、低気圧がある程度の暖気を上空に運んできたとしても、内陸部では雪が降ります。そして、この状況は台風が南から北海道まで北上してきたときにも起こりえます。

秋の終わり、大陸から寒気が流れ込みやすくなる時期に、台風が北海道の南まで北上すると、台風を回る反時計回りの風が北海道では北寄りの風となり、寒気を引き込みます（図1・27）。台風による降水であっても、気温が0度以下であれば雪になるため、「台風による降雪」が発生するのです。実際に、2013年10月16日から17日にかけて、台風第26号によって十勝平野では、２０１３年までの観測史上4番目に早い降雪、2番目に早い積雪を観測しました。台風第26号は16日15時には温帯低気圧に変わりましたが、台風がやってこなければ発生しなかった降雪であることは間違いないでしょう。このほか、２０１７年10月の台風第21号においても、台風と、台風から変わった温帯低気圧の影響で、北海道の内陸部では湿った雪が降り、釧路中部の阿寒湖畔では23センチメートルの積雪を観測しました。このような台風による北海道の降雪は、主に晩秋に発生するため、多くの場合、その冬の初雪となります。

なお、同様の状況は東北や関東でも起こりえますが、北海道よりも気温が高いため、雪になるためには気温がさらに低下する初冬に台風が近づく必要があり、極めて稀な状況となります。ちなみに、観測開始から２０１８年までで、最も遅く日本に上陸した台風は、１９９０年11月30日に和歌山県に上陸した台風第28号です。

北海道

初雪最前線　北海道の雪

菅井貴子さん（北海道文化放送「みんテレ」）

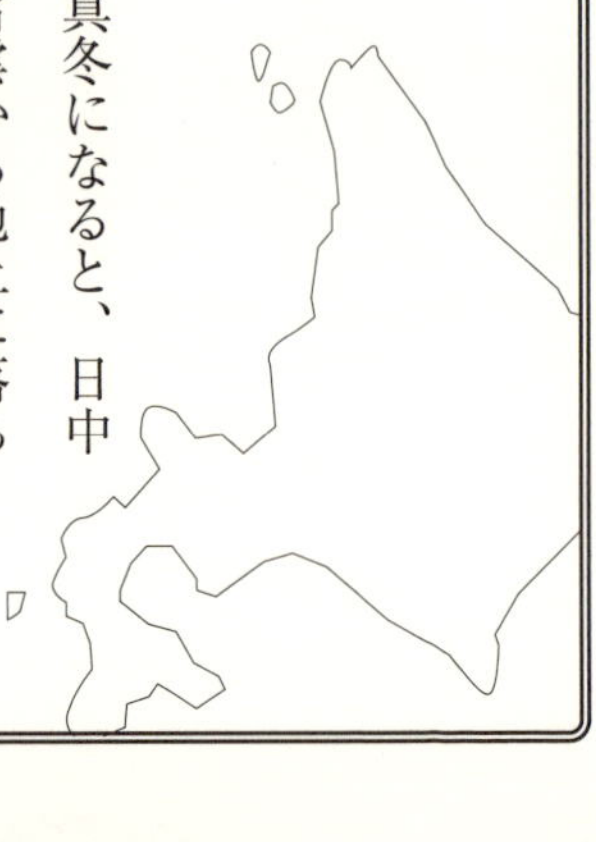

北海道の雪予報は難しい……それは、寒すぎるからです。真冬になると、日中でも気温がマイナス5度以下で、雪がふわふわと軽すぎて、雪雲から地上に落ちるまでに風で流されてしまうのです。ときに、雪雲から50キロメートルも離れた所で大雪になることも。

さて、北海道で雪が降る気圧配置は、主に３つあります。

１・西高東低の冬型

日本海側で雪が降りますが、風向きによりエリアが変わります。例えば、札幌は北風で雪が降りますが、西風では降らず、むしろ晴れます。西にそびえる手稲山（標高約１０００メートル）が壁になって、雪雲をブロックするからです。ちなみに、帯広など十勝地方では、西にも北にも山脈があるため、風向きにかかわらず「十勝晴れ」となります。

2・南岸を低気圧が通過する

太平洋側で湿り雪が降るパターンです。新千歳空港で空の便が乱れることも。

3・石狩湾小低気圧

「忍者低気圧」の異名を持つように、突然現れて石狩湾周辺に50センチメートル以上の大雪を降らせます。規模が小さく、寿命も短く（数時間から半日程度）、事前予測が極めて困難です。ひと冬に1～2度、出現します。

上記により、札幌では平年降雪量は597センチメートル、道内一番の幌加内町では1348センチメートルです。

雪は厄介者ですが、「克雪」「利雪」も進んでいます。札幌の除雪予算は約200億円。大雪が降っても街は機能します。観光利用のほか、夏の雪冷房や、糖度の増加などの効果がある雪室での農作物貯蔵などの利用も広がってきています。

東北地方の降雪の特徴・予報の難しさ

吉田晴香さん（ＮＨＫ仙台「てれまさむね」「ウィークエンド東北」）

東北地方は、奥羽山脈を挟んで日本海側と太平洋側に分かれ、それぞれに降雪の特徴があります。

日本海側で雪が降るのは、やはり西高東低の冬型の気圧配置になるとき。いわゆる「山雪型」として山沿いで雪が多くなるのか、「里雪型」で秋田市などの平地でも多くなりそうなのか、気象予報士として予報の際はそのあたりを考えます。

そして日本海寒帯気団収束帯（ＪＰＣＺ）が予想されるとき、これが要注意です。東北でも山形県や福島県の会津などで大雪になるおそれがありますから、収束帯の先端が流れ込む先を慎重に見極める必要があります。収束帯の南北の動きには幅があることを念頭におき、北陸など東北のすぐ南に雪が予想されているときは特に、そこから北上する可能性を考えておかなければなりません。

一方、太平洋側で降るパターンは、南岸低気圧が通るとき。大雪となる場合もありますから、低気圧のコースや寒気の強さをしっかり考えたいところです。

そして問題は、冬型のときにもそれなりに雪雲が流れ込む場合があること。ポイントは風の向きで、ちょうど奥羽山脈の谷筋に沿ったときです。宮城県で言えば、山形県との県境である鍋越峠付近などが雪雲の通り道になる場合があります。そうなると、大崎市古川周辺では吹雪いて、十数センチメートルの積雪になることも。しかし風向きが少しでもずれると、まったく降らないこともあります。この雪はメソ数値予報モデル（ＭＳＭ）など計算モデルにも表現されないことが多いため、なかなか的確に予想できず、毎回難しさを感じています。

2

雪を知るには観測が必要だ

——雪の観測の現状

雪のことをよく知るためには、雪を実際に観測・観察するのが一番です。本章では雪の観測方法について見ていきましょう。科学的な正確性を気にしなければ、積もった雪の深さ（積雪深）は比較的容易に観測することができます。積雪に定規をさして積雪深を測ればよいのですから。これを1時間後にもう一度行ない、1時間前の積雪深との差を求めれば、1時間降雪深を見積もることもできます。実際にアメダスの降雪深は、1時間前の積雪深との差（センチメートル）で定義されています。1時間に空から降ってきた雪の量を直接測っているわけではありません。

もう一つ、観察できるものがあります。それは雪の結晶です。雪の結晶は降ってくる雪を黒や青色の布の上に落とせば、すぐに観察することができます。デジタルカメラのマクロモードを使えば、雪の結晶を拡大して撮ることができますし、スマートフォンに市販の拡大レンズをつけることでも撮影できます。ただ、0度以上の気温で雪が降るときは、雪の結晶が落ちたあとすぐに融けてしまうので、撮影は時間との勝負になります。逆に、気温が0度未満であれば、雪の結晶がすぐに融けることはなく、じっくりと観察や撮影をすることができます。

2.1 雪の結晶——天からの手紙

さて、雪の結晶と聞いて、皆さんはどのような形を思い浮かべるでしょうか。おそらくすぐに頭に浮かぶのは、いわゆる樹枝状の結晶（口絵4）ではないでしょうか。筆者も一番好きな雪の結晶の形です。正確には樹枝六花（新版 雪氷辞典 2014）といいます。

雪の結晶には、樹枝状以外にもさまざまな形があります。日本における雪の研究のパイオニアである中谷宇吉郎博士（1900～1962）は、降ってくる雪の結晶の形を調べて分類しました（図2・1）。よく知られている樹枝状の結晶のほかに、針状、角板、広幅六花、角柱、砲弾型、三花、つづみ型など、いろいろな形の結晶があるのがわかります。異なる形の結晶がくっついた結晶もありますが、ほとんどは個別にできた結晶です。関東に住む筆者の経験から、関東甲信地方で見つけやすい結晶は、樹枝、針、広幅六花、つづみ、角板などでしょうか。どの結晶を見つけやすいかは、読者の

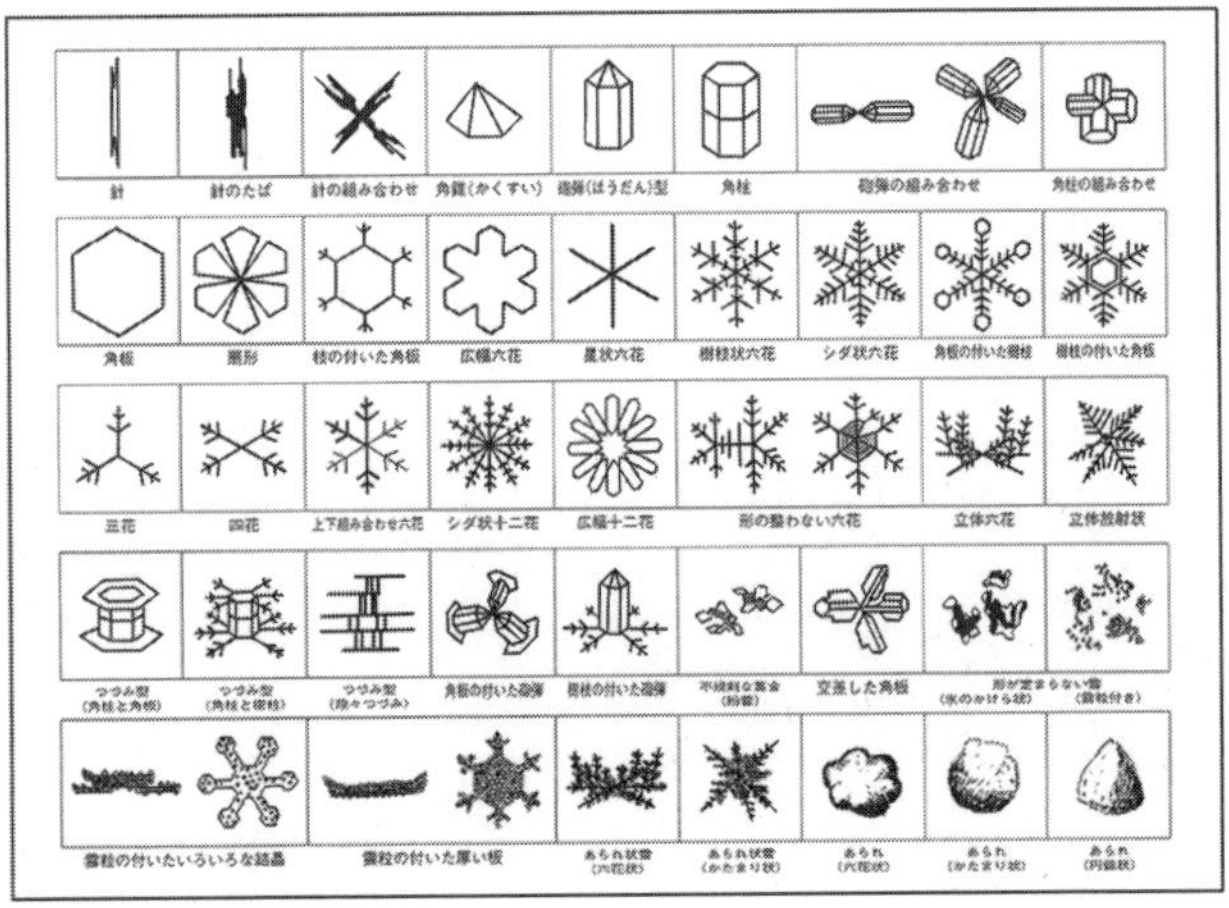

図 2.1 ｜雪の結晶の分類（出典　中谷宇吉郎『Snow Crystals』（1954））

皆さんがどこに住んでいるかによって変わります。なお、グローバル分類の雪結晶の形は、もっと細かく分類されています（新版 雪氷辞典 2014、菊池ら 2012）。

それにしても、同じような雪雲から降ってくるのに、雪の結晶はなぜこうも形が違うのでしょうか。その謎を解く鍵は、気温と水蒸気の量です。雪の結晶の形は、結晶がつくられるときの周りの気温や水蒸気の量に大きく依存します。中谷博士は雪の結晶の分類だけではなく、室内実験によってそれぞれの雪の結晶ができる条件も調べました。その結果をまとめたものが「中谷ダイヤグラム」（図2・2）です。おなじみの樹枝状の結晶は、気温がおよそ氷点下15度、氷に対する過飽和度が110〜130パーセントの雲の中で発生します。

過飽和とは、水であれば相対湿度が100パーセントを超えた状態です。通常、大気が保有できる水蒸気の量は飽和水蒸気圧曲線で決まっています（図2・3）。窒素や酸素などが含まれる大気全体の圧力を気圧というのに対し、空気中における水蒸気だけの圧力のことを水蒸気圧といいます。水蒸気の分圧ともいい、水蒸気が増えるほど水蒸気圧も大きくなります。ある温度における水蒸気圧が飽和水蒸気圧に達したときが湿度100パーセントの状況です。このとき、大気中に「凝結核」と呼ばれる微粒子が存在すると、そこに水滴として付着し、雲が発生します。気温が0度以上であれば、話はこれで終わります。しかし、気温が0度を下回ると、水は液体だけではなく、固体の状態（氷）でも存在します。そして、水の飽和水蒸気圧曲線と氷の飽和水蒸気圧曲線が微妙に異なっています。そのため、水としては飽和していない状態でも、氷としては過剰に飽和している状態が存在します。このとき、気体の水蒸気が直接、固体の氷になる（昇華する）状況が発生します。これが氷にとって過飽和（図2・2で

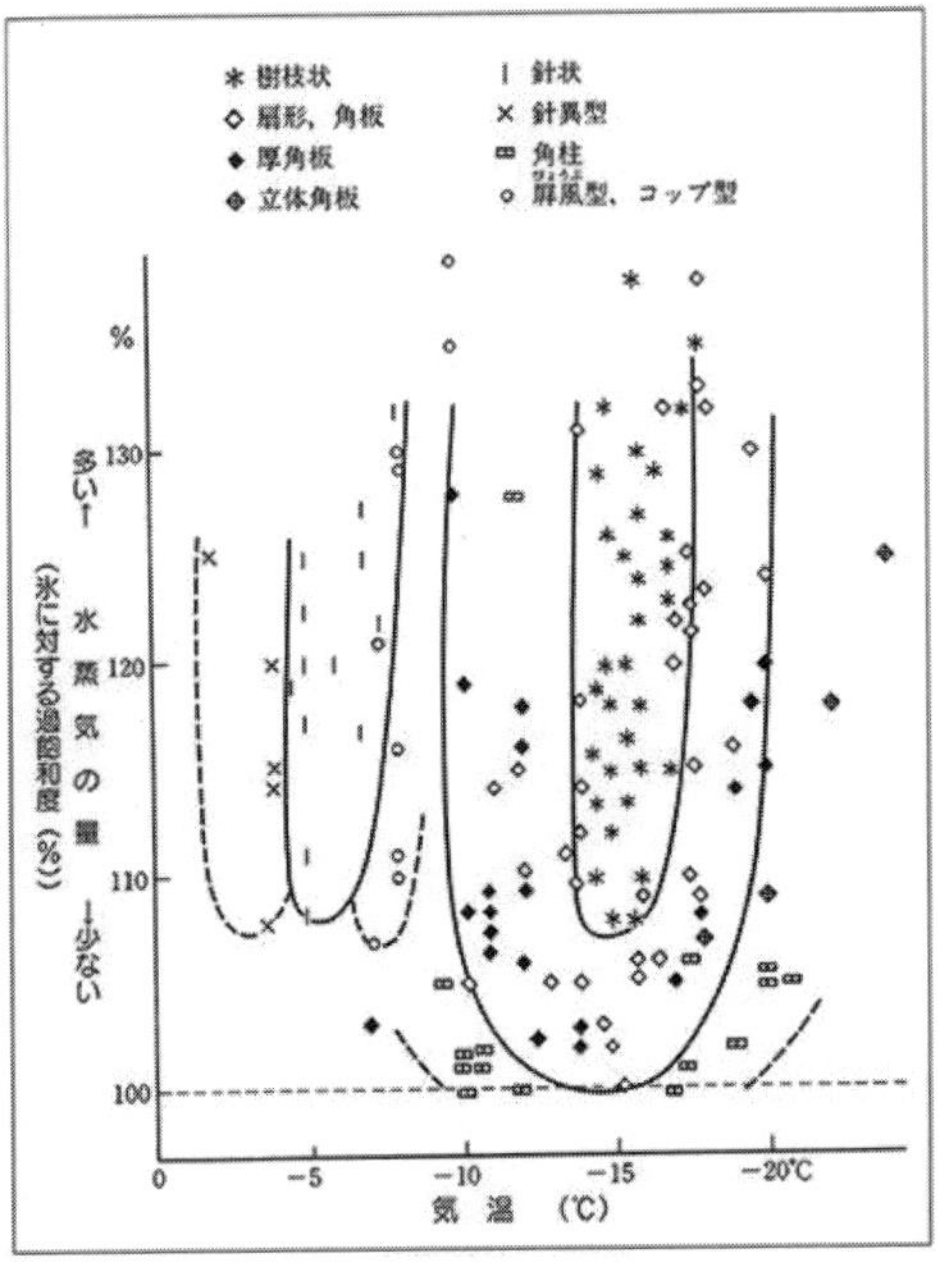

図 2.2 | 中谷ダイヤグラム

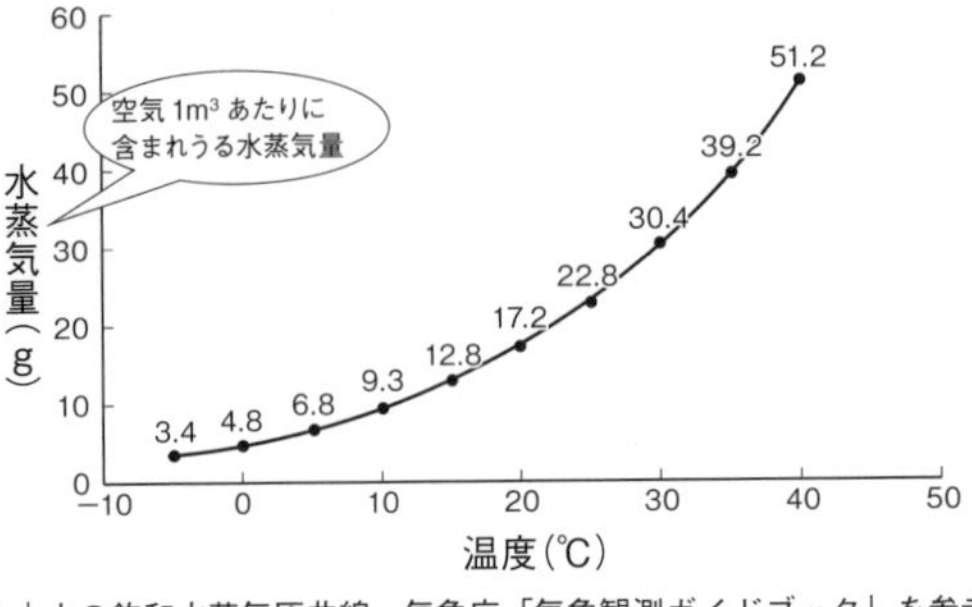

図 2.3 | 水の飽和水蒸気圧曲線。気象庁「気象観測ガイドブック」を参考に作成。

100パーセント以上）の状態で、雪の結晶の形や成長速度に影響を与えます（『雪氷学』2017）。

雪の結晶の話に戻りましょう。樹枝状は、およそ氷点下15度で、水蒸気がかなり多い空気中でできます。同じくらいの気温でも、水蒸気が少ないと厚角板や角柱の結晶になります。逆に同じように湿っていても、気温が高い（氷点下5度程度）と針状結晶になります。口絵5は、2018年3月21日に筑波山中腹で撮影した針状結晶の写真です。この日は針結晶がまとまってぼたん雪として降ってきました。筆者がたくさんの針状結晶を見たのはこのときが初めてでした。

雪の結晶は、基本的には水蒸気が直接氷に変わることで成長しますが、雲の粒が雪の結晶に付着して、結晶が大きくなることがあります。雲の粒が付着した結晶の写真が図2・4です。樹枝状結晶（口絵4）の枝に雲の粒がついて、白く太い枝に成長しています。このような結晶を、雲粒付き結晶と呼びます。雪の結晶が厚い雲の中を通ってくると、このような雲粒付きの雪の結晶が降ってきます。日本海側の豪雪地帯では、きれいな結晶が降ってくるのは稀で、雲粒がたくさんついた雪の結晶や、それらが重

図 2.4 ｜雲粒付きの雪結晶

なったぼたん雪、あるいはまるく固まった雪あられが降ってきます。

きれいな雪の結晶を見たい人におすすめなのが、長野県と群馬県の県境付近に位置する長野県の菅平高原です。菅平高原は日本海側に比べると雲が少ないので、雲粒のついていないきれいな結晶がよく降ってきます。また、標高が高く気温が低いため、冬季は雪の結晶が融けないので観察しやすいのもおすすめするポイントです。

2.2

雪に似たもの——あられとひょう、凍雨と雨氷

降水は一般的に0度より高いと雨、低いと雪になります。ただ、条件次第で、雨でも雪でもない〝モノ〟が降ってくることがあります。その一つがあられです。あられには雪あられと氷あられの2種類があります（図2・5）。気象庁の予報では、雪あられは雪に、氷あられは雨に含まれます。

図 2.5｜氷あられと雪あられ

雪あられ（口絵6）はその名の通り、雪に雲粒などがついて成長し、一つの球状の塊になったものです。太平洋側ではあまり見られませんが、日本海側では比較的頻繁に降ってきます。あられは積乱雲でつくられることが多いため、雷とセットで起こることもありま

す（いわゆる冬季雷）。

もう一つの氷あられは、直径5ミリメートル未満の氷の粒です。直径5ミリメートル以上に成長したものがひょうです（口絵7）。氷あられとひょうの違いは大きさだけです。氷あられもひょうも積乱雲の中でつくられます。大きな氷あられやひょうは融けるまでに時間がかかるため、地上の気温が氷点下でなくても融けずに降ってくることがあります。夏の激しい雷雨の中で、氷あられやひょうを見たことがある人もいるでしょう。多量のひょうが降ると、夏であっても一面真っ白に氷の粒が降り積もることがあります。一見、夏に雪が降ったのではないかと勘違いするほどの景色が広がります。

さて、あられやひょうは、実際に見たことがあるかどうかは別として、読者の皆さんにもなじみのある現象だと思います。ここではもっと珍しい現象を紹介しましょう。凍雨《とうう》と雨氷《うひょう》です。これらはどちらも氷点下あるいは0度付近で起こる現象です。

まず、凍雨から見ていきましょう。凍雨はその名の通り、雨が凍ったものです。雨が凍る、あまり聞きなれないですよね。空から降ってくる雪は、途中で気温が0度を

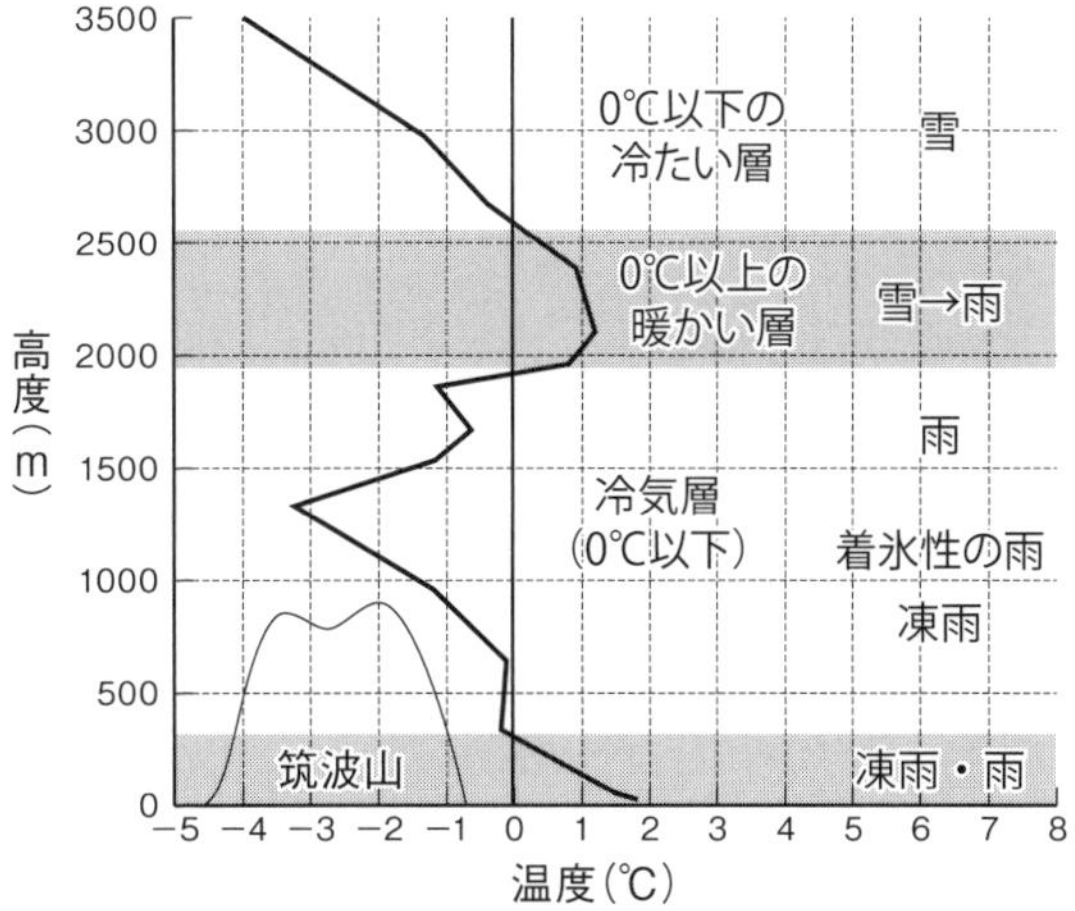

図 2.6 ｜つくば市で凍雨と雨氷が発生した日の気温の鉛直プロファイル（2016 年 1 月 29 日）

超えると融け、地上では雨として降ってきます。20ページで説明した通り、気温は上空ほど低いので、一度雪が融けて雨に変わると、通常は再び凍ることはありません。では、なぜ雨が凍るのでしょうか？　そのメカニズムを図2・6を使って説明します。

通常の状態だと、地上に近いほど気温が高く、雪が雨に変わると、そのまま雨として地上に落ちてきます。しかし、稀に気温が0度を超えた層の下に、0度以下の層が存在することがあります（図2・6）。このような状態が発生すると、いったん融けた雨が再び冷やされて球形の氷になります。これが凍雨です。日本では寒気が溜まりやすい長野県の盆地や関東平野などで発生することがあります。凍雨はあられやひょうとは違い、透明な球形をしていて、まるでガラスのようにとても美しい見た目です（口絵8）。

続いて雨氷です。雨氷は、雨が樹木や草、電線や電柱などの建造物について凍ったものです。雨氷をつくるような雨は、降っているときは通常の雨と見た目では区別できません。違うのは、この雨滴の温度が氷点下になっていることです。水を0度以下に冷やすと氷に変わるのですが、じつはゆっくり冷やすと、0度以下でも液体の水のまま存在することができます。これを過冷却水と呼びます。雨の場合は、過冷却の雨または着氷性の雨と呼ばれます。つまり、雨氷は着氷性の雨が地上に降って凍りついた現象です。雨氷も基本的には凍雨と同じような大気状態（図2・6）で発生しますが、凍雨よりは0度以下の層が薄いときに降ることがほとんどです。過冷却の雨が地上ではなく上空で、雨同士の衝突などなんらかの衝撃を受けて凍ったものが凍雨です。

雨氷は凍雨よりも厄介な存在です。過冷却の雨は、地面や木々に当たると、一瞬にして氷に変わります。草木にできた雨氷は、見た目がとても美しく（口絵9）、観賞用には最高です。ただ、雨氷が電線にできると、氷の重みで電線が垂れ下がり、電柱が倒れる可能性があります。また、強い風が吹いたときは、氷の重みで電線が振動するギャロッピング現象が発生することがあります。ギャロッピング現象によって、電線同士が接触してショートすると、停電が発生します。大規模な雨氷が発生すると広範囲に停電などの影響が及ぶため、電力会社にとってはかなり厄介な現象です。一方、気象庁の常時観測にとっても、雨氷は困った存在です。特に影響が出やすいのが風向風速計です。風向風速計に雨氷ができると、観測機器（測器）が凍りついて、風の観測ができなくなってしまいます。

余談ですが、気象庁は2019年2月から、関東甲信の地方気象台での目視観測をやめ、機械を用いた自動観測に切り替えました。目視観測とは、晴れや曇りなどの天気や大気現象、視程を、気象庁職員が直接目で見ることにより行なう観測です。この目視観測には凍雨や雨氷の観測も入っており、これらの観測もなくなりました。この後で紹介する観測機器によって、雨や雪の自動判別はできる可能性がありますが、現在の技術ではまだ、雨氷や凍雨の判別は人の目で見ないと難しいのが現状です。

2.3 降ってくる雪を測るには？

雪の結晶を観察することで、自然の神秘に感動するだけでなく、上空の大気の状態を把握できることがわかりました（2・1節）。ここでは降ってくる雪（降雪）を科学的に測る方法を紹介しましょう。降雪量の観測は降雨量に比べて難しいことがわかっています。

降雪量を測る手段として最も一般的なものが雨量計（図2・7）です。雨量計という名がついていますが、降雨だけでなく降雪も含めた降水量を測ることができます。雨量計には降雪を測るためにいくつかの工夫がなされています。一つ目はヒーターです。寒冷地の雨量計にはヒーターがついており、ヒーターにより雪を融かして降水量を測っています。温水式または溢水式《いっすい》の雨量計がこれに当たります（図2・8）。

次は、降ってくる雪を「効率よく捕まえる」工夫です。雨の場合、風が少々強くても、降ってきた水滴の大部分を捕えて、その量を測ることができます。一方、雪の場合、

図 2.7 ｜雨量計

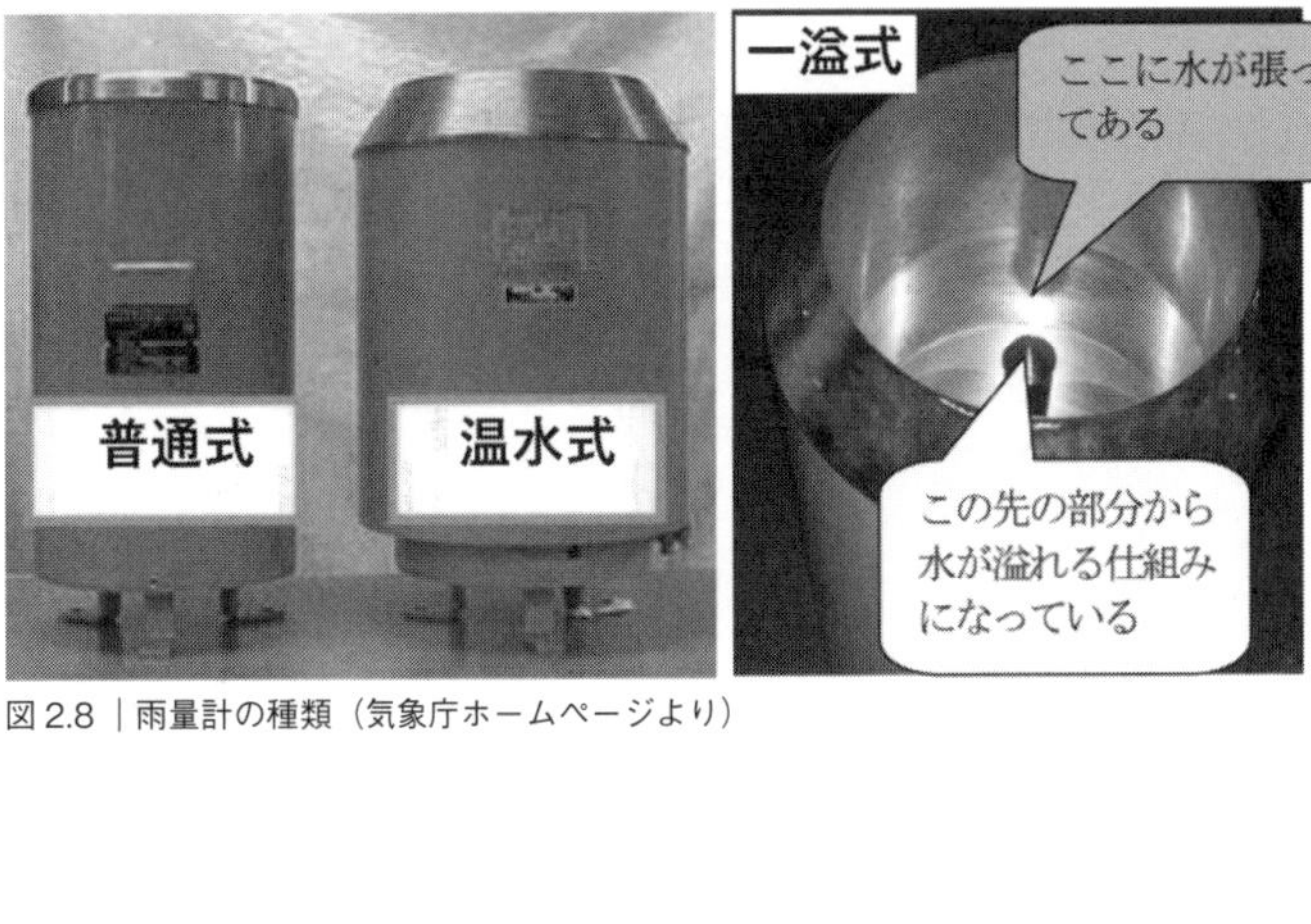

図 2.8 ｜雨量計の種類（気象庁ホームページより）

図 2.9 | 風よけ（助炭）付きの雨量計

風が強いと雨量計の周りで風が乱されて、雨量計に雪が入りづらくなります。降雪や降雨が実際に雨量計に入った割合を捕捉率と呼びます。補捉率は風速に依存することがわかっています。この捕捉率を上げる工夫が、雨量計につける風よけです。気象庁は降雪量が多い観測点の雨量計に、助炭と呼ばれる風よけをつけています（図2・9）。横山ほか（2003）の調査によると、助炭をつけることで、補捉率が約20パーセント増加すると見積もられています。

ただし、特に雪が多い豪雪地帯では、捕捉率とは別の問題で、いったん取りつけた風よけを取り外した観測点があります。その問題とは、多量の雪が降ると、風よけ自体に雪が積もり、そのまま雨量計まで埋もれてしまうことです。そうなると、当然、降水量を測ることができなくなります。降水量の値がまったく得られなくなるのは、捕捉率よりもはるかに大きな問題なので、豪雪地帯では補捉率の問題があるものの、風よけをつけていない雨量計が多くなっています。

気象庁が用いている雨量計は、風が特に強い状況では、たとえ助炭をつけていたとしても、補捉率が50パーセント程度にまで下がってしまいます。２０１９年現在、世界で最も補捉率が高いとされる雨量計はＤＦＩＲ（Double Fence Intercomparison Reference）です（図２・10）。日本語では二重柵基準降水量計と訳されます。どうですか？　もはや降水量の観測器というより観測施設ですよね。前述の横山（２００３）の補捉率は、このＤＦＩＲの値を基準値として用いて求められています。さすがに日本では、降雪量を正確に測るだけのために、このＤＦＩＲを全国に展開することはできません。現在、日本でＤＦＩＲが設置されているのは、新潟県長岡市の防災科学技術研究所雪氷防災研究センターなど5か所程度です。雪氷防災研究センターで

図 2.10 ｜雪氷防災研究センターの DFIR

は研究目的でＤＦＩＲを設置し、複数のタイプの雨量計と比較しています。

同じような研究目的でも、アメリカではその規模が違います。筆者がアメリカのコロラド州で行なわれている、雨量計の比較調査場を訪れたときに、１台でも巨大なＤＦＩＲが複数台設置されている光景を目撃し、衝撃を受けました（図２・11）。現地の研究者の話によると、ＤＦＩＲのフェンスの高さや雨量を測る測器からの距離などを少しずつ変えて、それぞれの補捉率を計算しているそうです。１台でも置くことが大変な日本とは全然違いますね。アメリカではこのほか、ロッキー山脈周辺の

図 2.11 ｜複数の DFIR（アメリカコロラド州）

観測点にＤＦＩＲが設置されており、実際に現地の降水量を測っていました。

さて、雨量計で降雪量を測りたいときに、一つ大きな問題があります。それは、いま降っている〝モノ〟が雨なのか雪なのかということです。人間が目で見れば、雨か雪かは一目瞭然です。透明で音を立ててザーザーと降るのが雨、白くてゆっくりしんしんと降ってくるのが雪です。雪と雨が混ざったみぞれであっても、だいたいは見ればわかると思います。しかし、雨量計に人間の目はついていないので、それが雨か雪かを判断することはできません。雨量計でわかるのは、液体の水に換算した量だけです。

もし観測点で、降水量と気温を同時に測っていれば、気温を見ると雨か雪かはおおよそ判断がつきます。単純には、0度以下であれば雪、0度より高ければ雨ですが、雪の場合は融解や昇華のプロセス（1・3節）があることで、0度より気温が高い場合でも雪として降ることが多々あります。経験的には湿度が低いほど雪になりやすく、気温と湿度による雨雪判別の関係式（図1・25）が利用されます。

ただ、この関係式を使って雨か雪かを判別するためには、気温と湿度を測る必要があります。2018年現在、湿度を測っているのは気象台や測候所などのわずかな地点であり、アメダスにはついていません。また、仮に気温や湿度がわかったとしても、完全ではありません。地上付近が氷点下であっても、上空の気温次第では、2・2節で紹介した雨氷や凍雨のような現象が起こりうるからです。やはり、降ってくるそのものを見て、雨か雪かを判別する必要があります。

気象庁の現業では用いられていませんが、雨なのか雪なのかを判別する観測機器は存在し、「光学式ディスドロメータ」（図2・12）といいます。商品名の「PARSIVEL（パーシベル）」と呼ばれることもあります。写真に写っている2つの突起の間を、シー

図 2.12｜光学式ディスドロメータ（雪氷防災研究センター）

ト状のレーザービームが飛んでおり、この間に落ちてくる物体のサイズや落下速度を測ります。そして両者の関係から、降水粒子が何かを判別します。光学式ディスドロメータは、研究目的で雪氷防災研究センターや気象庁気象研究所などに設置されています。

光学式ディスドロメータは雨雪の判別はできるものの、落下速度と水平サイズしか測っていないために、降雪粒子の形を測ることはできません。落ちてきた降雪粒子の形まで観測できる機器が2ＤＶＤ（2 Dimensional Video Disdrometer）です（図2・13）。2ＤＶＤは、2方向から降

図2.13 | 2DVD（雪氷防災研究センター）

雪粒子に光を当てて、センサーで降雪粒子の影を記録することで、雪の粒子（雪片）の形を観測します。

最後に、より直接的に雪を観測する方法が、CCDカメラによる雪の撮影です（図2・14）。雪氷防災研究センターでは、1秒間に125枚撮影できるカメラ（シャッタースピードは1／4000秒）を用いて、1秒間撮影して4秒間解析するというサイクルで雪片を観測します。1コマごとに雪片を追跡し、空間を通った雪片の平均的なサイズや落下速度を求めます。ただ、早く落下する雪片や大量に細かい雪片がある場合は、カメラで追跡することができず、観

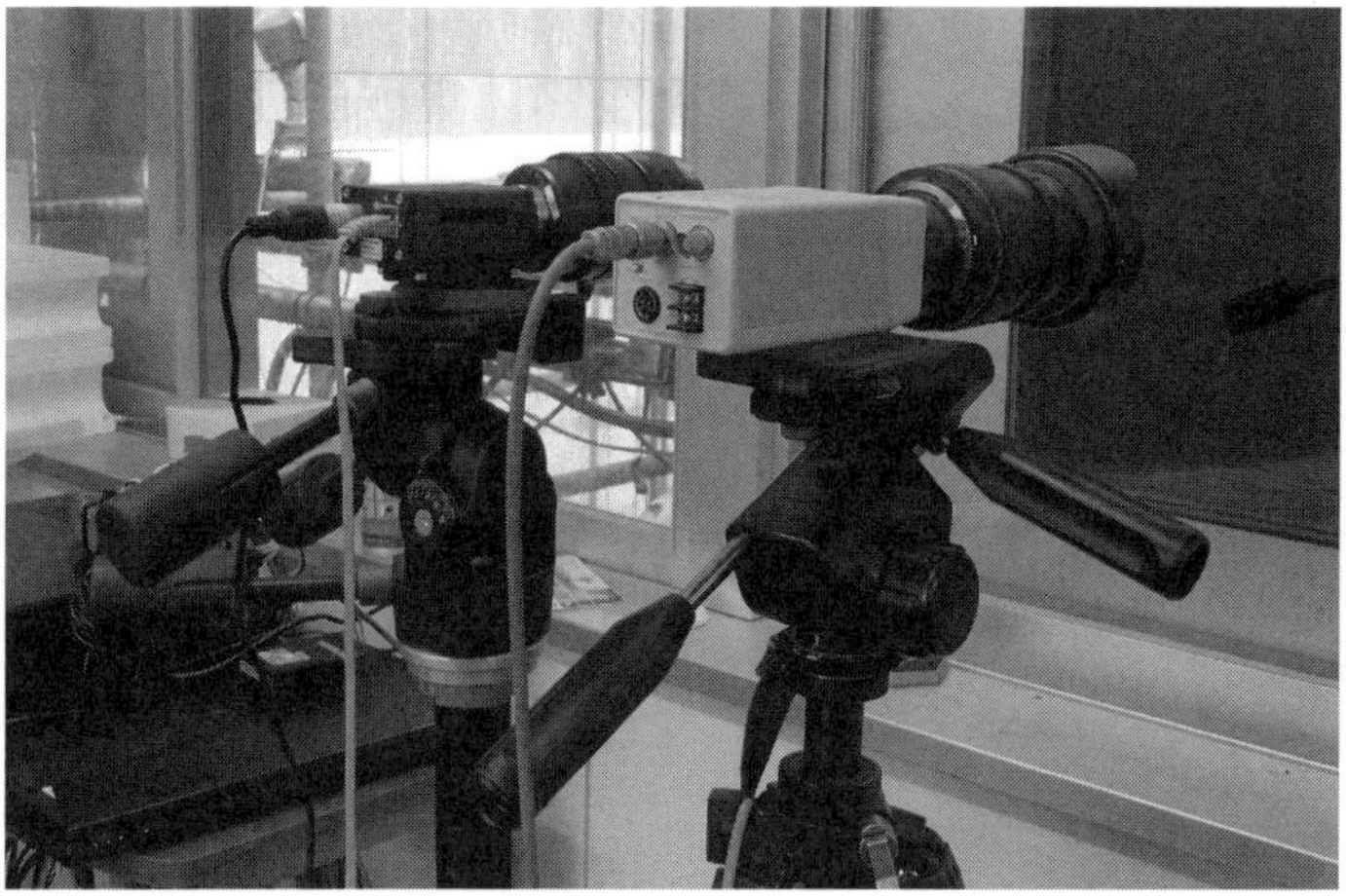

図 2.14 ｜ CCD カメラ（雪氷防災研究センター）

測することができません。また、透明の雨はカメラに写らないので、CCDカメラによる観測は雪に特化した観測機器と言えます。

光学式ディスドロメータや2DVD、CCDカメラなどの観測機器は、降水粒子の判別はできても、降水量の観測はできません。降水量の観測にはやはり雨量計が必須です。今後も、用途に応じて観測機器を使い分けて、雪の観測をしていくことになるでしょう。

2.4 積もった雪を測る

前節では、降ってくる雪の観測方法を説明しました。ここからは積もった雪（積雪）の観測方法を見ていきましょう。自分自身で数センチメートルの積雪を測る方法は、本章の冒頭に書いた通り、市販の物差しを積雪にさして深さを測ればＯＫです。実際の現地調査では、雪尺と呼ばれる道具を使います。基本的には物差しの大きなものと考えてもらえば大丈夫です。また、ゾンデ棒と呼ばれる伸縮可能な測深棒を使って積雪深を測ることもできます。ゾンデ棒は本来、なだれで埋まった人を救出するための道具ですが、目盛りがついているために積雪調査にも用いられます。

現地で移動しながら積雪を測る場合は、１地点につき近傍の複数点の積雪深を測り、最大と最小を除いた値を平均した値を、その地点の積雪深とするのが一般的です。正確に観測するには10～20点が推奨されています（日本雪氷学会　２０１０）。一度、雪の多い場所で積雪深を測ってみるとわかりますが、積雪深は地表面の状態や周囲の状

図 2.15 ｜ 2種類の積雪深計

態によって、わずか数十センチメートル離れただけでも大きく変わることがあります。

気象庁の観測も、以前は人が目で見て積雪や降雪深を測っていましたが、いまはすべて自動化されています。現在、気象官署やアメダスの積雪観測には、超音波式もしくは光電（レーザー）式の積雪深計が使用されています（図2・15）。

超音波式の積雪計は、真下を向いた上部の送受波器から超音波を出し、超音波が雪の表面（雪面）で反射して送受波器に戻るまでの時間を計測します。温度による音速補正を行ない、送受波器から雪面までの距離を求めることができます。この距離と、雪がないときの距離を比較して、短くなった分が積雪深となります。

一方、レーザー式の積雪深計は、レーザーを地面に向けて斜めに発射し、電波の跳ね返りを計算して観測します。積雪があるとレーザーが跳ね返り、戻ってくるまでの時間・距離が短くなることを利用して積雪深を観測します。レーザー式は超音波式と異なり、距離測定において気温変化に依存しないため、気温補正の必要がありません。

2.5 準リアルタイム積雪深分布図

気象庁ではアメダスや気象官署などで積雪観測を行なっていますが、観測点がそれほど多くなく、積雪深の面的分布を把握するには不十分です。一方で、積雪深は観測精度を重視しないのであれば、全国の自治体や国土交通省系の施設で多くの観測が行なわれていて、ウェブ上で公開されているものを見ることができます。

そこに目をつけたのが、新潟大学災害・復興科学研究所の研究チームです。この研究チームは、全国で公開されている積雪深のデータを集約し、品質管理を行なったうえで、準リアルタイムに積雪深の分布図を作成しました。この情報は毎冬、新潟大学災害・復興科学研究所のウェブサイトで公開されています（http://platform.nhdr.niigata-u.ac.jp/~snow-map/index.php）（2019年閲覧）。このサイトでは、現在の積雪深の分布だけではなく、3時間降雪量、6時間降雪量、前日差なども見ることができます。また、新潟県のデータは2010／11年冬季以降、全国では2015／16年以降の過去のデータも閲覧できます。

今年の冬は気象庁の情報だけでなく、準リアルタイム積雪深分布図を見て、お住まいの地域の積雪深をチェックしてみてはいかがでしょうか。

2.6 山の積雪を知る——立山黒部アルペンルート沿いの積雪観測

自動観測が可能なレーザー式と超音波式の積雪深計は、積雪の多い山間部において非常に有用な観測機器となっています。ただ、積雪深計を用いた観測は、電源設備がないところでは行なうことができません。電源設備がない場所は人が足を運び、雪尺やゾンデ棒を使って積雪深を測るしかありません。この方法も冬季に人が入れる場所であれば有効ですが、雪深い北アルプスなどの山では冬季の入山自体が難しく、積雪観測は困難です。

そのような場所でも積雪を観測する方法があります。それはインターバル撮影機能を持つカメラ（タイムラプスカメラ）を用いた方法です。カメラを目盛りが振られた長いポールに向けて、冬の間、自動撮影することで、山の積雪深が日々どのように変化していくのかを大まかに捉えることができます。もちろんレーザー式や超音波式の積雪深計と比べると精度は落ちますが、本来、積雪深を知ることができない

図2.16｜立山黒部アルペンルートに設置したタイムラプスカメラ

ような場所でも観測することができます。

筆者は立山カルデラ砂防博物館の研究者と協力して、立山黒部アルペンルート沿いの3地点（美女平、大観台、弥陀ヶ原）で、インターバルカメラを用いた積雪深の観測を行ないました（図2・16、17）。カメラで撮られた積雪を図に起こしたのが図2・18です。2014年12月から2015年3月まで積雪深の変化を知ることができました。標高が違うと積雪が大きく変わる様子がよくわかります。また、2・8節で紹介する数値モデルを用いて再現した積雪深と比べると、両者が非常によく合っていることもわかり

図2.17 ｜弥陀ヶ原に設置したカメラが撮影した画像。左が積雪前、右が積雪後

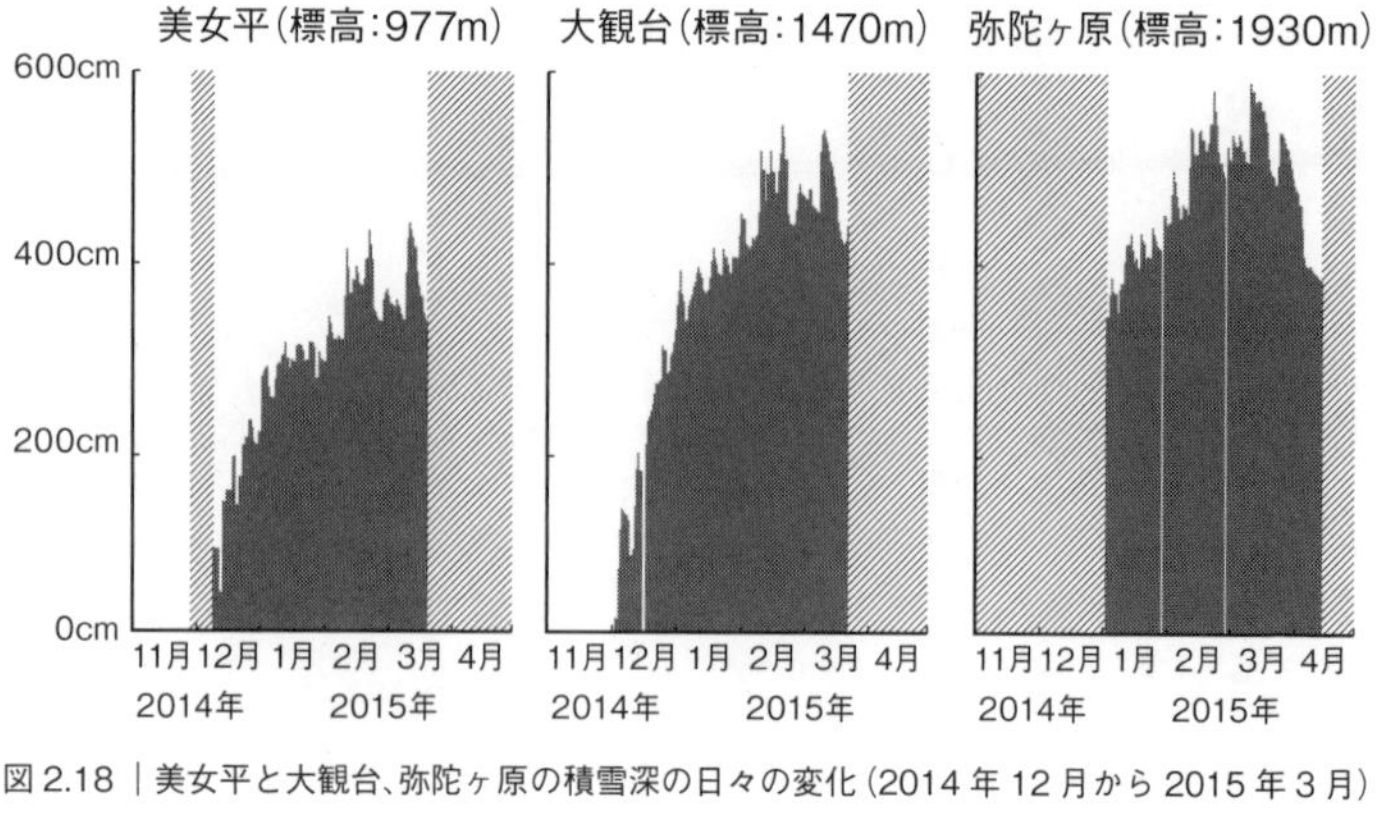

図2.18 ｜美女平と大観台、弥陀ヶ原の積雪深の日々の変化(2014年12月から2015年3月)

ました。カメラを用いた積雪観測は、これまでは計算でしか推定できなかった山岳地域の積雪深が、どの程度もっともらしいかを評価できる方法として期待されます。

国立環境研究所の調査チームも、自動撮影機能のついたカメラを用いて、標高２５００メートルから３０００メートルの立山の残雪の様子を日々撮影しています（Ide and Oguma 2013、小熊ほか ２０１９）。撮影した画像を解析して立山の残雪の面積を求めることで、積雪面積の季節変化や年による違いなどを調査しています。これにより、残雪の量と高山植物の生育の様子、紅葉との関係など、さまざまなことがわかってきました。

山岳地域のある程度広い面積の積雪深を知るよい方法があります。航空機からのレーザー観測です。航空機を使えば、数百メートルから数キロメートル四方の積雪深の分布を、くまなく知ることができます。なんという素晴らしい調査でしょうか。この方法でいろいろな場所の観測を頻繁に行なえば、山岳地域の積雪深の分布を把握することができます。

夢のような方法ですが、この観測方法には一つ大きな課題があります。それは費用が高すぎること。1回の調査で1000万円以上の費用がかかってしまいます。航空機によるレーザー観測は、他の調査と比べると金銭的ハードルが格段に上がってしまうのです。また当然ですが、悪天候だと航空機は飛ぶことができません。

過去には研究目的で、立山室堂平周辺で航空機を用いたレーザー観測が実施されたことがあります。ある年の特定の日だけですが、積雪深の面的な分布が観測されています。この結果を見ると、まさに尾根で雪がほとんどなく、谷にたくさん雪が積もるという、積雪の不均一性がよくわかります。また、どのあたりが平均的な積雪深の場所かを知ることができるため、積雪断面観測（次節）を行なう場所を決める参考にもなります。

航空機を用いた調査は日本のみならず、アメリカの研究者なども取り組んでいます。ただ、やはりアメリカの研究者にとっても、航空機観測には多額の費用がかかるため、なかなか手を出せないのが現状のようです。

最後に、もっと遠くから積雪を測る方法を紹介しましょう。人工衛星を使った観測です。現代では地球の周りにさまざまな衛星が飛んでいて、衛星から地球の地表面の状態や雲の様子などを高分解能で観測することが可能となっています。宇宙航空研究開発機構（JAXA）／東海大学（TSIC／TRIC）は、衛星観測をもとに水平分解能500メートルで日本の積雪分布のデータを作成し、提供しています（JASMES／MODIS積雪分布プロダクト）。このデータを使えば、平野から山岳地域に至るまで、積雪面積や積雪期間などを把握することができます。ただ、地面が雲に覆われていると、衛星から雪を観測できないという欠点があります。また、現状では詳細な積雪深の算定までは難しいうえに、森林などが地面の雪を隠している場合、衛星は雪がないと判断してしまいます。

このように、積雪深や積雪分布を観測する方法はいろいろありますが、いずれも一長一短であり、日本の積雪深分布の全容解明には至っていません。

2.7 スノーメモリー——雪に残された記憶

積もった雪をよく観察・観測すると、積雪の深さ以外にも、いろいろなことがわかってきます。ここからは「雪の記憶」をキーワードに見ていきましょう。

積もった雪の中を調べるには、雪を掘って積雪の断面を表に出す、積雪断面観測が必要となります。図2・19は、長野県の菅平高原で行なわれた筑波大学の実習の様子です。写真の積雪は50〜70センチメートル程度ですが、それでも雪用スコップを使って雪を掘るのは大変です。また、断面をきれいに見るためには、ある程度の広さの穴を掘らなければいけません。

雪を掘ったあとに調査する主な要素を紹介します。最初に測るのは雪の温度、雪温です。これを5から10センチメートルごとに調べていくと、積雪表面から地面までの温度構造がわかります。雪の中の温度を測って何の役に立つのかは、このあと説明します。雪の温度のほかに測るものとしては、「積雪水量」「雪の密度」「雪の粒の大き

図 2.19｜長野県菅平高原での積雪断面観測の様子（筑波大学野外実習）

さ（粒径）」「雪質」などがあります。いずれも聞きなれない用語だと思いますので、順番に見ていきましょう。積雪水量は、積もった雪を液体の水に換算したときの量です。1平方メートルあたりの重さで表します。通常、液体の水の密度が約1キログラム／立方メートルであることを利用して、降水量と同様にミリで表します。

続いて、雪の密度です。雪国生まれの方であれば、経験的にわかるかもしれませんが、降ってきたばかりの雪は軽く（密度が小さく）、時間が経つと次第に重く（密度が大きく）なっていきます。また、気温が高く液体の水を含む雪は重く（密度が大きく）、逆に水を含まない雪はさらさらで軽く（密度が小さく）なります。密度の観測は、あらかじめ体積がわかっている容器に雪を詰めて、その重さを測ります。密度は重さ（グラム）÷体積（立方センチメートル）で簡単に求まります。単位はグラム／立方センチメートルもしくはキログラム／立方メートルです。新雪の密度はおおよそ100グラム／立方センチメートル、数メートル積もった雪の下部の密度が500グラム／立方センチメートル程度です。原理的には、ここで測定した密度に、その密度が観測された層の厚さを掛けて足し合わせていけば、積雪水量になります。仮に積雪が100センチメートルあり、全層同じ密度（例えば0・3）であれば、積雪水量は300ミリになります。

次に雪の粒の大きさ（粒径）です。降ったばかりの雪はまだ結晶構造が残って、気温が低い場所では結晶が積み重なっている様子が目で見てもわかります。一方，結晶は、時間の経過や新たな雪が降り積もると、形を変えていきます。結晶同士がくっついたり、水蒸気がついたり、温度が上がって一度融けて再び凍ったりと、さまざまな過程を経て、雪の粒の大きさや性質は変わっていきます。積雪の中には1ミリメートル以下の小さな雪の粒から、3ミリメートルを超える大きな粒まであり、その形状もさまざまです。

積もった雪の粒は、その大きさや形状によって性質が異なります。これを雪質と呼び、表2・1のような種類があります。地面に積もった雪（新雪）は、気温が低ければ、こしまり雪、しまり雪と変化していきます。積雪内部の気温が上がって0度を超えると雪が融けはじめ、雪質が一気に変化します。積雪の内部で雪が一度融けて再凍結したものをざらめ雪といいます（図2・20左上）。雪が融けたり雨が流れ込んだりして、ざらめ雪同士がくっつき、かたい氷の板になったものを氷板といいます。厚い氷板はかなりかたく、その上を歩ける場合もあります。

しまり雪やざらめ雪とは少し違ったメカニズムでできるのが、しもざらめ雪やこしもざらめ雪です。英語だと、しもざらめ雪はdepth hoar（深部霜）といいます。その名の通り、雪が地上に降りる霜のように角ばった雪に変化したものです（図2・20左下）。しもざらめ雪やこしもざらめ雪は、積雪の内部で温度や水蒸気量に大きな差が生じた場合につくられます。つまり、積雪の中で水蒸気の多いところ（温度が高い

雪質	記号	説　明
新雪	＋	降雪の結晶の形が残っている雪。みぞれやあられも含む。
こしまり雪	／	新雪としまり雪の中間。降雪の結晶の形はほとんど残っていないが、しまり雪にはなっていないもの。
しまり雪	●	こしまり雪が圧密と焼結（雪の粒がくっつくこと）によってできた丸みのある氷の粒。粒は互いに網目状につながっており丈夫である。
ざらめ雪	○	水を含んで粗く大きくなった丸い氷の粒や、水を含んだ雪が再凍結した大きな丸い粒が連なったもの。
こしもざらめ雪	□	小さな温度の勾配の作用でできた平らな面をもった粒や板状、あるいは柱状のもの。
しもざらめ雪	∧	骸晶《がいしょう》状（コップ状）の粒からなる。大きな温度勾配の作用により、もとの雪粒が霜に置き換わったもの。
氷板	—	板状の氷。地表面や層の間にできる。厚さはさまざま。
表面霜	∨	空気中の水蒸気が表面に凝結してできた霜。大きなものは、羊歯状のものが多い。放射冷却で表面が冷えた夜間に発達する。
クラスト	∀	表面近傍にできる薄く硬い層。サンクラスト、レインクラスト、ウインドラスト等がある。

表 2.1 ｜雪質の分類（出典　日本雪氷学会「積雪、雪崩分類」（1998））

ところ）から少ないところ（温度が低いところ）に水蒸気が移動し、その水蒸気が雪に付着して霜が発達します。そのほか積雪表面にできる、表面霜やサンクラストといった雪質もあります（図2・20右）。雪質の名称は日本雪氷学会の中で議論されており、今後、表2・1の名称が改訂される可能性があります。

表2・1に挙げた雪質の中で、しもざらめ雪は

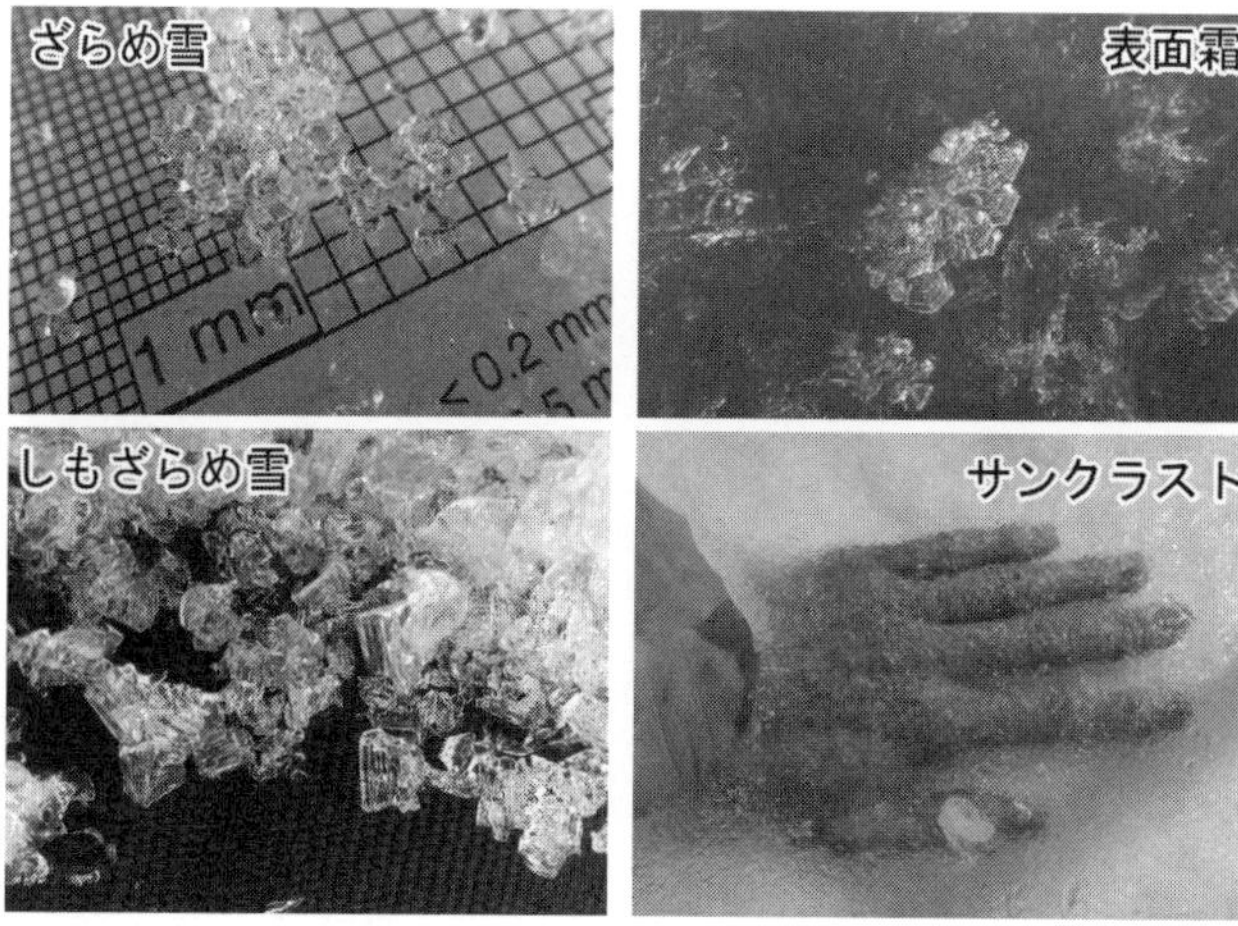

図 2.20 | さまざまな雪質。ざらめ雪、表面霜、しもざらめ雪、サンクラスト

最も厄介な雪質です。しまり雪やざらめ雪はその構造が比較的安定しているために、ずれたり崩れたりしにくい雪質です。一方、しもざらめ雪は角ばっているために、しもざらめ雪同士がくっつきにくく、しもざらめ雪の層は非常にもろい層（弱層）となります。このもろい層があることで危険性が増すのが、なだれです。積雪層中のしもざらめ雪や雲粒のつかない雪の結晶などの結合の弱い層が起点となり、積雪層の内部がすべり面となって起こるのが表層なだれです。一方、春先の降雨や積雪底面の融解によって、地面付近が濡れたざらめ雪の層になり、そこを

起点に積もった雪がすべてなだれ落ちるのが全層なだれです。

雪を掘って積雪内部を調べる際、積雪が1メートル程度であればそれほど負担なく雪を掘ることができるでしょう。しかし、新潟県の山沿いなど、雪が2メートルから3メートルも積もるような場所の積雪断面観測では、雪を掘ること自体が一仕事です。

筆者が知る限り、最も雪が多い場所で積雪断面観測が行なわれているのが、北アルプスの立山室堂平です。47ページでも出てきましたね。この場所では3月下旬に立山カルデラ砂防博物館と名古屋大学が、4月中旬に富山大学をはじめとする立山積雪研究会が、毎年積雪断面調査を実施しています。図2・21は2018年4月22日に行なわれた積雪断面調査の様子です。積雪はなんと6メートル58センチ。この深さの雪を、機械を使わずにすべて人の力だけで掘ります。最初はそれほど苦労せずに掘り進めていくことができます。ただ、6メートルを超える雪は深くなるにつれて、雪自身の重みでしまり（ぎゅうぎゅうに押し潰され）、とてもかたい雪になっていきます。通常の除雪用のプラスチックのスコップでは歯が立たず、土を掘るための鉄のスコップを用いたり、ときにはノコギリを使ったりしないと掘り進められないほどかたくなりま

図 2.21 ｜立山室堂平における積雪断面調査の様子

す。そんなかたい雪、想像できますか？
　この立山室堂平の雪掘りには、もう一つ難点があります。それは標高2450メートルの高地にあることです。地上よりも空気が薄いこの場所では、張り切って雪を掘っていると、高山病のような症状が出ることがあります。このような過酷な場所で1日から1日半かけて雪を掘り進め、ようやく地面に到達したときには感動します。室堂平では11月から雪が積もり始めるために、土や下草からすればおよそ5か月ぶりに日の光のもとに出たかたちです（このあとすぐ埋めてしまいますが……）。なお、富山大学の積雪断面調査は教育目的も兼ねているため、図2・21の穴は通常の調査で掘られる穴よりは広めにつくられています。

積雪の各層の雪質と、近くで観測されたその冬の降水量や気温、天気図などを見比べると、それぞれの層の雪がいつ頃降ったのかをおおよそ推定することができます。例えば、気温が上がって雨が降り、そのあと急激に気温が下がると、厚い氷板ができます。冬にこのような現象が起こるのは、日本海を低気圧が進み、南から暖かく湿った空気が入ったときです。氷板の上に厚いしまり雪の層があれば、それは低気圧が通過後に強い冬型の気圧配置が持続し、低い気温で多量の雪が降ったことを示唆します。積雪はその冬の出来事を記憶しているのです。立山黒部アルペンルートの雪の大谷には、積雪の断面から降雪の時期を推定した「雪のカレンダー」が、毎年観光客向けにつくられているので、機会があれば探してみてください（図2・22）。

積雪が記憶するのは天気の情報だけではありません。積雪の中から採取した雪を化学分析にかけることによって、どのような化学物質が雪の中に多く含まれているかを調べることができます。立山室堂平の積雪断面観測では、富山大学や富山県立大学の研究グループが化学分析を行ない、どの層に硫酸塩や硝酸塩、黄砂などの微粒子が含

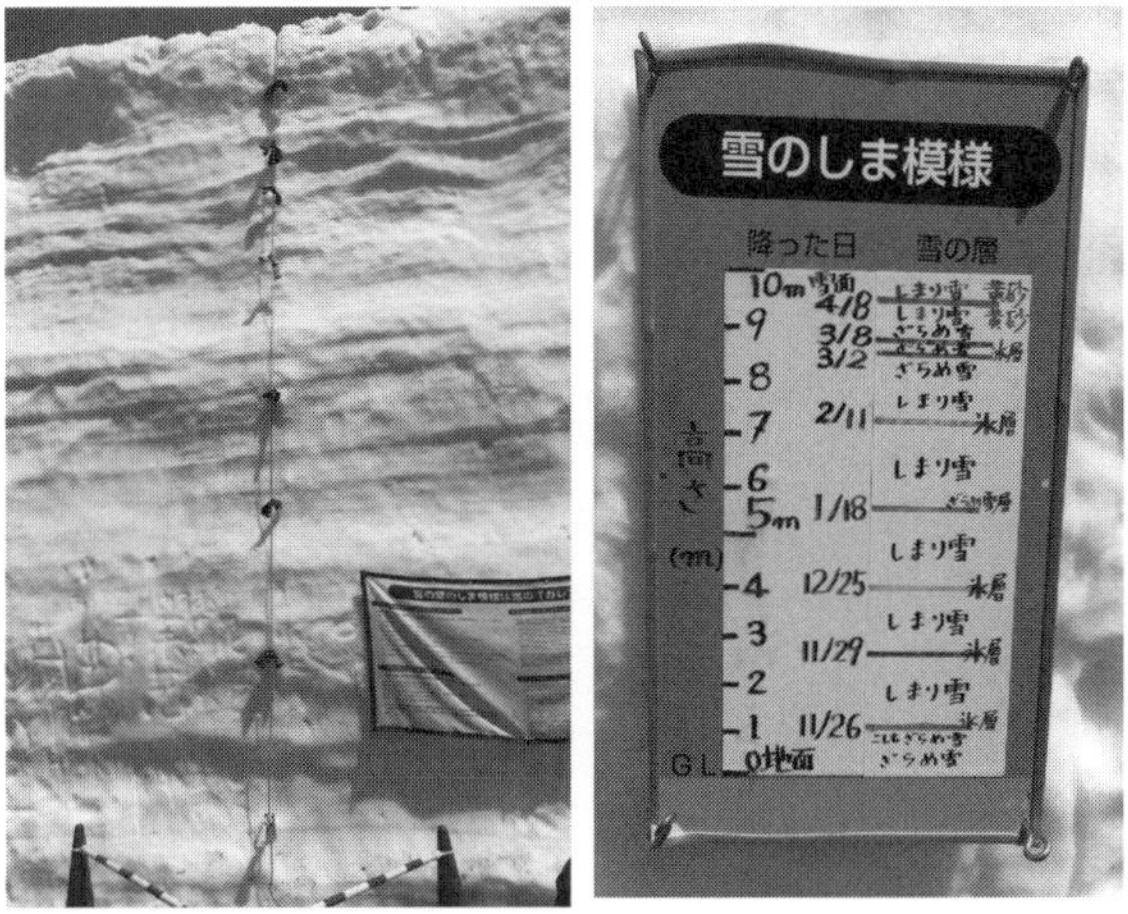

図 2.22 | 雪のカレンダー

まれているかを調査しています。この調査と先ほどの雪質の調査を組み合わせると、いつ頃、大陸から大気汚染物質や黄砂が飛来したかを推定できます。大気汚染物質と聞くと、ＰＭ２・５を思い浮かべる人が多いと思います。ＰＭ２・５は直径が２・５マイクロメートル以下の粒子のことを指します。硫酸塩や硝酸塩がまさにこれにあたります。黄砂はこれよりも大きい粒子でＰＭ10と呼ばれます（ＰＭ10は直径が10マイクロメートル以下の粒子の総称）。この化学分析を長期間続けることで、大陸からの大気汚染物質の飛来がどの程度変化したかを調べることができます。このように、積雪はただ氷の粒が積み重なったものではなく、一冬の天気や大気汚染物質の飛来などをしっかりと記憶しているのです。

ただし、積雪がずっと過去の天気を記憶し続けられるわけではありません。途中で多量の雨が降ったり、気温が高い状態が長く続いたりすると、積雪の中を水が流れて、積雪構造が大きく変わってしまいます。そうなれば、雪はせっかく覚えてきた出来事を忘れてしまいます。専門的には、降雪時期の同定が困難になります。北陸地方の内陸部では例年3メートル近くの雪が積もりますが、気温が上がる春以降は、雨や融雪のために積雪の記憶は失われてしまいます（全層ざらめ雪の層になります）。

ところで、雪の上に雨が降ると、積雪の中に染み込む雨水と表面を流れる雨水に分かれます。積雪の表面あるいは表面近くを水が流れると、水が流れた場所だけ他よりも少し沈む現象が起こります。これを水みちと呼びます。水みちは雪面で直線状にできるので、大規模な水みちができると、きれいな縞模様になります（図2・23）。

積雪の中には微生物も住んでいます。皆さんは「赤雪」という名前を聞いたことありますか？　赤雪はその名の通り、赤い色をした雪です。なぜ赤く見えるかというと、

図 2.23 ｜山の斜面にできた水みち

積雪の中で赤い色素を持つ藻類が繁殖するためです。特に気温が上がる春以降は一気に数が増えます。このようなことを知ってしまうと、積もっている雪を口に運ぶのに抵抗が出てきますね。まだ、微生物が少ない新雪のほうがきれいですが、新雪も少なからず微生物やＰＭ２・５などが混ざっている可能性があるので、あまりおすすめできません。

2.8 雪予報はどこまで当たる？——降雪の数値シミュレーション

冬型の気圧配置が強まり、強い寒気の南下が予想されるとき、気象庁から降雪量の予想が出されます。「10日の朝6時までの24時間に予想される降雪量は、北陸地方の多いところで60センチ」といったかたちです。この降雪量は、このあと紹介する数値モデルを用いた数値シミュレーションの結果にもとづいて発表されています。気象庁が発表する予想降雪量は、数値モデルが計算した気温や降水量をもとに、過去に観測された降水量と降雪量、気温の統計的な関係から求められます（２０１９年現在）。

ここで、天気予報や地球温暖化に伴う将来予測にも使用する数値モデルの紹介をします。数値モデルは物理学の法則にもとづき、大気中の風や気温を計算するものです。用いる法則は高校の物理で習う、運動方程式や質量保存則、熱力学の第一法則などです。物理法則をもとにした方程式を解くことになるのですが、数値モデルが解く方程式は非常に複雑で、中学校や高校のテストのように、紙と鉛筆で解くことはできません。

そこで登場するのがスーパーコンピュータです。数値モデルを構成する多量の方程式をコンピュータ用の言語に変え（いわゆるプログラミングです）、スーパーコンピュータに方程式を解かせます。その結果得られた解が、日々の天気予報や将来の気候変動予測になるのです。

余談ですが、大気の流れを解く方程式自体は、コンピュータが実用化される以前からありました。1920年頃、イギリスの気象学者のリチャードソンは、6時間予報を一か月かけて手計算で行なおうとしました。リチャードソンのチャレンジは数値計算に難点があり、失敗に終わります。ただ、リチャードソンは「6万4千人が大きなホールに集まり、一人の指揮者のもとで整然と計算を行なえば、実際の時間の進行と同程度の速さで予測計算を実行できる」と提案しました。この考え方は現在のコンピュータを使った数値計算のもとになっており、「リチャードソンの夢」として、気象業界では語り継がれています。

さて、2019年現在、気象庁が運用している水平格子間2キロメートルの数値モデル（局地モデル（LFM）と呼ばれます）では、雲の中の水蒸気や雲、雨、雪、あられを直接計算することができます。局地モデルで計算された雪が地上に達した量が降雪量となります。この量を24時間積算することで、日積算降雪量を計算することができます。ただ、実際の天気予報の現場では、この降雪量をそのまま用いることはなく、主に研究の現場などで利用されます。

数値モデルを用いた降雪量の予測が難しいのは、関東平野の降雪です。関東平野の雪は0度前後で降ることが多く、わずかな気温の違いで、雨か雪か大雪かが変わります。また、54ページで書いたように、関東平野では複数の要素が合わさって、雪が降るか雨が降るかが決まります。上空に暖気が入った場合は、たとえ地上が0度であっても、雪ではなく雨が降ったり、状況によっては2・2節で紹介した凍雨や着氷性の雨になったりする場合もあります。数値モデルがこれらすべての状況を精度よく計算し、関東地方の降雪量を正確に予測することは、2019年現在の気象庁の技術をもってしても困難です。

実際に、2019年2月9日と11日に関東南部で降雪があり、2月9日は千葉市と茨城県つくば市で2センチメートル、2月11日は茨城県鉾田市で9センチメートル、千葉市で5センチメートル、つくば市で2センチメートルの積雪を観測しました。しかし、当初の気象庁の予想降雪量は、2月9日は多めに（関東南部平野部は5〜10センチメートル）、2月11日は少なめに出ていました。数値モデルを用いた気象庁の数値予報は、これからも日々改善されていきますが、厄介な関東の降雪を正確に予測するには、まだしばらく時間がかかりそうです。

ところで、2019年現在、天気予報では降雪量の予想は出ますが、積雪深の予想は発表されません。積雪深を予測するためには、降ってくる雪だけでなく、積もった雪が押されて潰れていく（圧縮されていく）過程も考慮しなければなりません。単純に降雪量100センチメートルが積雪100センチメートルになるわけではないのです。特に積雪が多いと、雪は自分自身の重みでどんどん潰されていくため、雪が降り続いていたとしても、積雪深が増えにくくなります。また、気温が0度前後で降る液体の水を含んだ湿り雪は、重くて潰されやすく、積雪が増えにくい雪です。逆に、気温が低く、液体の水を含まない軽い乾き雪は、それほど降る量が多くなくても積雪が一気に増える場合があります。積もった雪が変化していくこのような過程を考慮しないと、積雪の予測はできません。

2.9 積雪の数値シミュレーション

数値モデルの中には、積雪モデルと呼ばれる、積雪深や積雪水量（積雪をすべて水に変えたときの量）の変化を計算するモデルが組み込まれているものもあります。積雪モデルを使えば、降った雪が地面に積もり、時間とともに変化していく過程を計算することができるようになります。地球温暖化に伴う将来の気候変動予測に用いる数値モデルには、この積雪モデルが組み込まれていて、積雪を直接計算することができます（3章）。天気予報を行なうための数値モデルには、いまのところ積雪モデルは組み込まれていません（2019年現在）。今後、研究開発が進み、天気予報の現場でも積雪モデルが使われるようになれば、将来的には予想降雪量ではなく、予想積雪量が発表される日が来るかもしれません。

積雪モデルは簡易的なものだと、積雪を3層から4層に分けて、層ごとに積雪の密度や積雪水量を計算します。積雪断面観測で観測する要素です（2・7節）。上記の数値モデルに組み込まれているのはこのような簡易モデルがほとんどです。一方で、より高精度で積雪の中の状態を計算する積雪モデルは積雪変質モデルなどと呼ばれます。積雪の層の数は積雪深に応じて増えて、より現実に近い積雪の構造を計算することができます。高精度の積雪変質モデルは、日本では気象庁気象研究所で開発したSMAP（Snow Metamorphism and Albedo Process）や、新潟県長岡市にある防災科学技術研究所雪氷防災研究センターが、スイスの研究所で開発されたSNOWPACKを日本の雪に改良したモデルなどがあります。

なぜ、積雪の構造を精密にシミュレーションする必要があるのでしょうか？　もちろん、積雪深を正確に知りたいという目的もありますが、積雪深だけであれば、簡易的な積雪モデルで十分です。ここでの一番の目的は、災害の観点からの利用です。積雪が引き起こす災害といえば、なだれです。

なだれの発生を予測するためには、新雪がもともと積もっていた雪の表面をなだれ落ちる表層なだれと、冬の間に積もった雪が一気になだれ落ちる全層なだれの2つを考える必要があります。表層なだれは、積雪上部の壊れやすい層（弱層）の形成と、どの程度の雪が一気に積もったかが重要となります。一方、全層なだれは、積雪下部の雪質がどのように変化していくかを計算し、弱層の生成をシミュレートすることが重要です。この計算には高精度な積雪変質モデルが必要となります。

実際になだれ予測に取り組んでいるのが、前出の雪氷防災研究センターです。ここでは、天気予報に用いる数値モデルと積雪変質モデルを組み合わせたシステムを構築し、なだれの起きやすい新潟県内の複数の場所で、なだれの予測とモニタリングを常に行なっています。

積雪が起こす災害に、家屋への影響があります。深い雪国育ちの方なら、雪下ろしの経験がある人も多いでしょう。雪下ろしは落雪の被害を防ぐことと、雪の重みで建物に被害が及ぶことを避けるなどの目的があります。積雪は深くなるほど重くなっていくのですが、単純に積雪深だけで決まるものではありません。同じ積雪深でも、水を含んだ湿った重い雪がたくさん積もれば、屋根にかかる重みは増します。積雪変質モデルを使って、屋根に積もった雪の状態を計算し、雪下ろしのタイミングを推定したコンテンツが雪氷防災研究センターから出されています。「雪下ろしシグナル」と呼ばれるもので、雪氷防災研究センターのウェブサイト（bosai.go.jp/seppyo/）からリンクがはられています（2019年閲覧）。

数値モデルを組み合わせると、観測がない山岳地域の降雪や積雪を再現することもできます。46ページや2・6節で紹介した北アルプスでは、春の立山室堂平での観測から、積雪が毎年6、7メートルあることがわかっています。ただ、このような雪が冬の間にどのように積もっていくのか、年によってどのくらい違うのかなど、これまではよくわかっていませんでした。図2・24は2000年から2017年までの立山室堂平付近の積雪深の変化です。数値モデルによって再現された積雪深は、観測された積雪深の年々の変動をよく再現できていることがわかります。

数値モデルによるシミュレーションは北アルプス全体で行なっているので、標高別の積雪深の変化を計算できます。標高の高い地域と標高の低い地域の最深積雪の年々

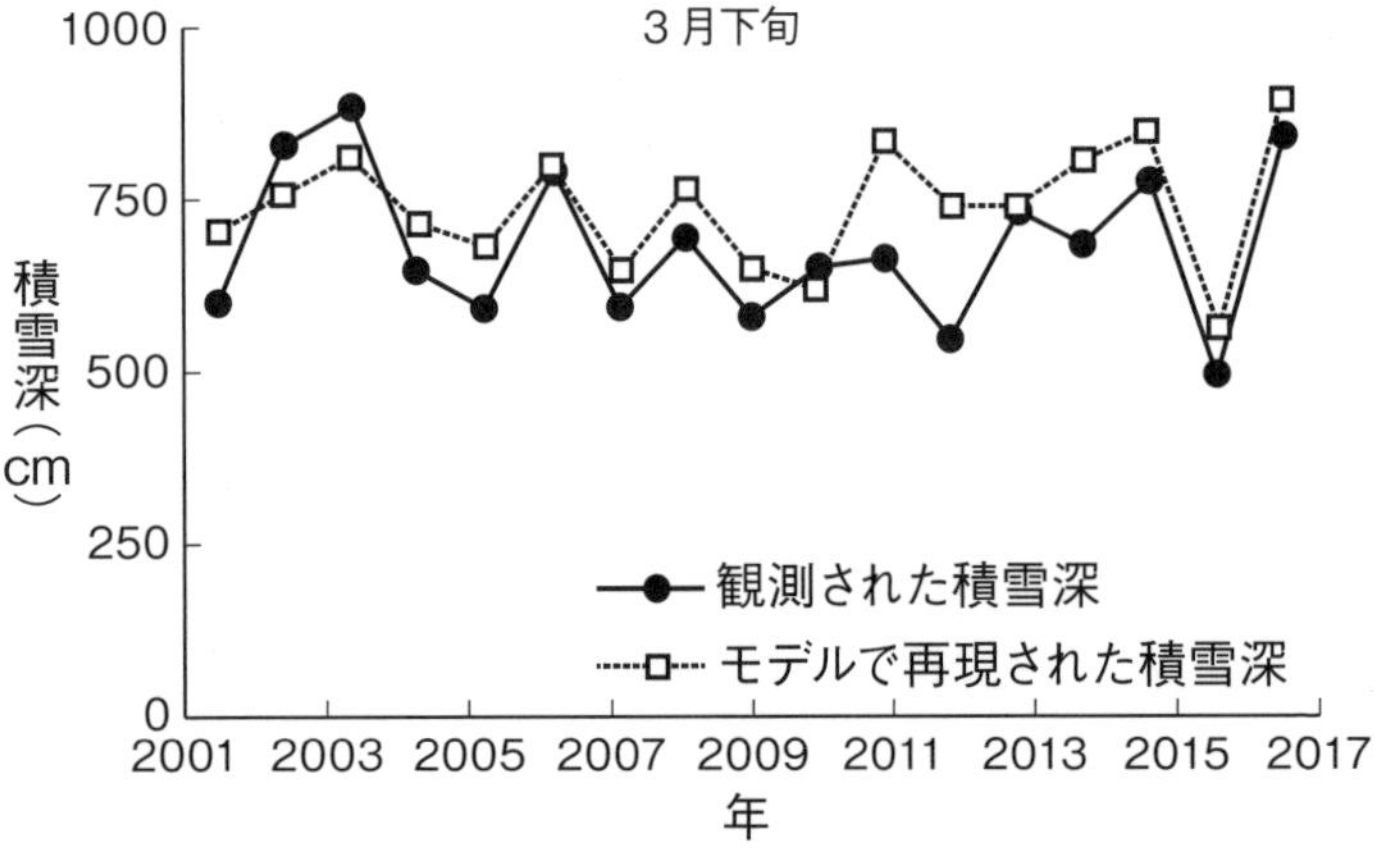

図 2.24 ｜室堂平の積雪深の年々変化（川瀬ほか（2019）を加工）

の変動を比べると、両者は必ずしも一致していないことがわかります（図2・25）。日本海側の標高が低い地域に降る雪の総量は、12月から2月の冬型の気圧配置で降る雪の量によってほぼ決まります。一方、北アルプスなどの標高の高い山岳域では、11月や3月、4月前半も雪が降り、積雪が増加します。雪が積もる時期が低標高地域よりもかなり長く、晩秋や春の降雪も山岳域の積雪に反映されます。

春は冬型の気圧配置の頻度は減るものの、代わって日本海を低気圧が発達しながら通る頻度が増えてきます。急速に発達する低気圧は爆弾低気圧と呼ばれ、暴風を吹かせ

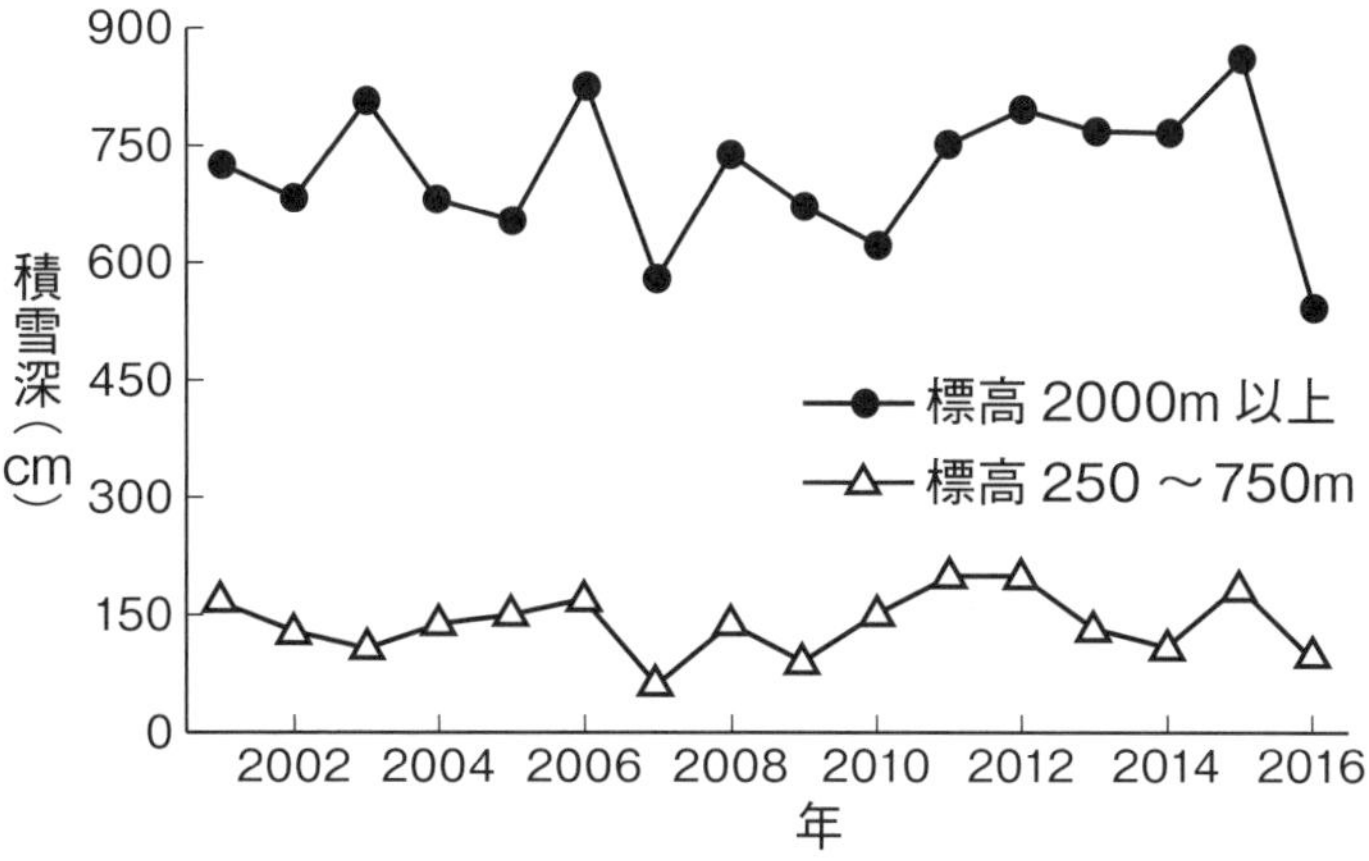

図 2.25｜標高別の年最大積雪深の年々変化（Kawase *et al*.（2018）を加工）

ます。いわゆる春の嵐です。低気圧が日本海を通過すると、低気圧に向かって南から暖気が流れ込むため、北陸から東北の平野部、状況によっては北海道まですべて雨となり、雨量も多くなります。ただ、標高が2000メートルを超えるような山では、0度を上回らなければ、このような状況でも雪が降ります。発達した低気圧に伴う降雪なので、降雪量が多く、積雪も急速に増えます。

例えば、2015年から2016年は北アルプスにおいて、過去20年間で最も積雪が少ない年となりました。数値モデルを用いて積雪のシミュレーションを行なったところ、この年は3月から4月にかけて、低気圧による降雪が少なかったために、山の雪を増やす最後の一押しがなく、積雪が少なかったことがわかりました（Kawase *et al.* 2018）。

数値モデルを用いて、山岳域を含めた過去の積雪深の再現ができると、積雪深の将来予測につながってきます。特に、山岳地域の積雪の変化は、将来の日本の水資源の変化や、スキーなどの観光産業への影響とも直結するので、重要な問題となります。後半の3章と4章では、現在でも起こりうる異常気象と雪の関係や、将来の地球温暖化が日本の雪に及ぼす影響を見ていくことにしましょう。

北陸

北陸地方の雪

木地智美さん（富山テレビ「報道ライブＢＢＴ」）

11月下旬。上空に強い寒気が流れ込んでくると、地鳴りのような大きな雷の音が響きます。富山湾の寒ブリ漁が盛んになる時期です。雷は、豊漁の兆しとして「鰤起こし」と呼ばれる一方、いよいよ雪が降り始める合図として「雪起こし」とも呼ばれます。初雪は12月上旬。大地が雪に覆われる大変な季節を思いながらも、子供の頃を思い出して、少し心がワクワクする頃です。

北陸地方に大雪をもたらすのは、西高東低の冬型の気圧配置が強まり、日本付近で等圧線が南北に何本も並ぶようなときです。大陸から吹き出した北西の季節風が脊梁山脈にぶつかって雪雲が発達し、山間部を中心とした大雪になります。いわゆる山雪です。

一方、等圧線が日本海で西に湾曲し、西回りで強い寒気が流れ込んでくるとき。

朝鮮半島の付け根にある白頭山で分流した季節風が、日本海上で再び合流することで雪雲が発達し、日本海寒帯気団収束帯（ＪＰＣＺ）ができると、平野部の沿岸の地域など、普段それほど積もらない所で急な大雪となる場合があり、里雪と呼ばれます。

雪は文化も育んできました。世界遺産・合掌造り集落がある富山県南砺《なんと》市の五箇山では、和紙の原料となる楮《こうぞ》を雪の上に並べて日光に当てることで、楮の色素が抜け、白く上質な和紙をつくることができます（写真）。チューリップの栽培面積が日本一の富山県の砺波《となみ》平野では、降り積もる雪が、土の中をチューリップの生育に適した一定の温度と湿度に保ち、雪解け水が春の生育を助けます。

北陸

豪雪は忘れたころに

二村千津子さん（ＮＨＫ福井「ニュースザウルスふくい」）

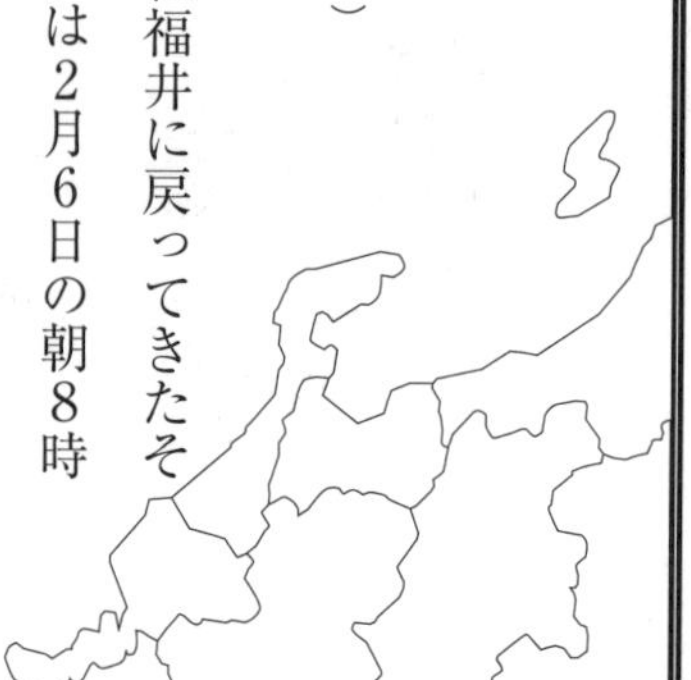

私は高校卒業まで福井で過ごし、２０１７年、30年ぶりに福井に戻ってきたその年の冬、「平成30年豪雪」に見舞われました。雪のピークは２月６日の朝８時からの３時間、20センチメートルも積雪が急増し、１メートルを超えました。そして翌日、最深積雪１４７センチメートルを記録。１９８１（昭和56）年の56豪雪以来の大雪となりました。積雪が急増しはじめた６日、北陸地方の大動脈でもある国道８号線で約１５００台の立往生が発生。新聞には「陸の孤島」という文字が並びました。

じつは平成に入ってから、北陸地方の市街地では、積雪が１メートルを超えるようなことなど皆無に近くなっていました。積雪１メートル以上の日数を数えると、福井市で９日（平成30年豪雪も含む）、金沢市と富山市はなんとゼロ。平成になるまでの31年（1958～1988）には、福井118日、金沢75日、富山121日もあったのです。近年は雪用タイヤに替えなくてもやり過ごせることもあり、そんな平成の最後に襲いかかった大雪を経験したことのない人も多く、町は大混乱になりました。

悲しいことに、豪雪被害の方程式、積雪×急増＝立往生、降雪×収まる＝除雪事故が見事にあてはまり、立往生中に一酸化炭素中毒で亡くなる事故や、除雪作業中の死亡事故のニュースがあとを絶たず、気象キャスターとしての無力さに打ちのめされ、心が折れた冬でした。

それなのに2018～19年は、福井の最深積雪は14センチメートル。総降雪量42センチメートルは過去2番目の少なさという記録的な暖冬でした。この極端な振れ幅を体験して、つくづく雪は奥深く、予測が難しいと感じました。しっかり向き合わねば……と思います。

3

異常気象と地球温暖化が雪の降り方を変える

3.1 異常気象とは

地球温暖化による気候変動と異常気象はよく混同されますが、これらはまったく異なるものです。まず、異常気象の話をしましょう。気象庁では、異常気象を「ある場所（地域）・ある時期（週、月、季節）において30年間に1回以下で発生する現象」と定義しています。つまり異常気象は、気温や降水量が平均値から特に大きくかけ離れた状態を指します。言い方を変えると、異常気象は30年に1回程度起こる「正常な」現象であるとも言えます。この定義から考えると、異常気象は過去の気候、現在の気候、将来の気候にかかわらず、そのときの気候の中で30年に1度の頻度で発生する現象なのです。決して地球温暖化の影響でどんどん増えていくものではありません。

ただし、気象庁の平年値（30年間の平均値）が10年に一度しか更新されない都合上、異常気象が地球温暖化により少し増加・減少する可能性はあります。また、先の定義を見ると、「ある場所・ある時期において30年間に1回」と書かれています。つまり、

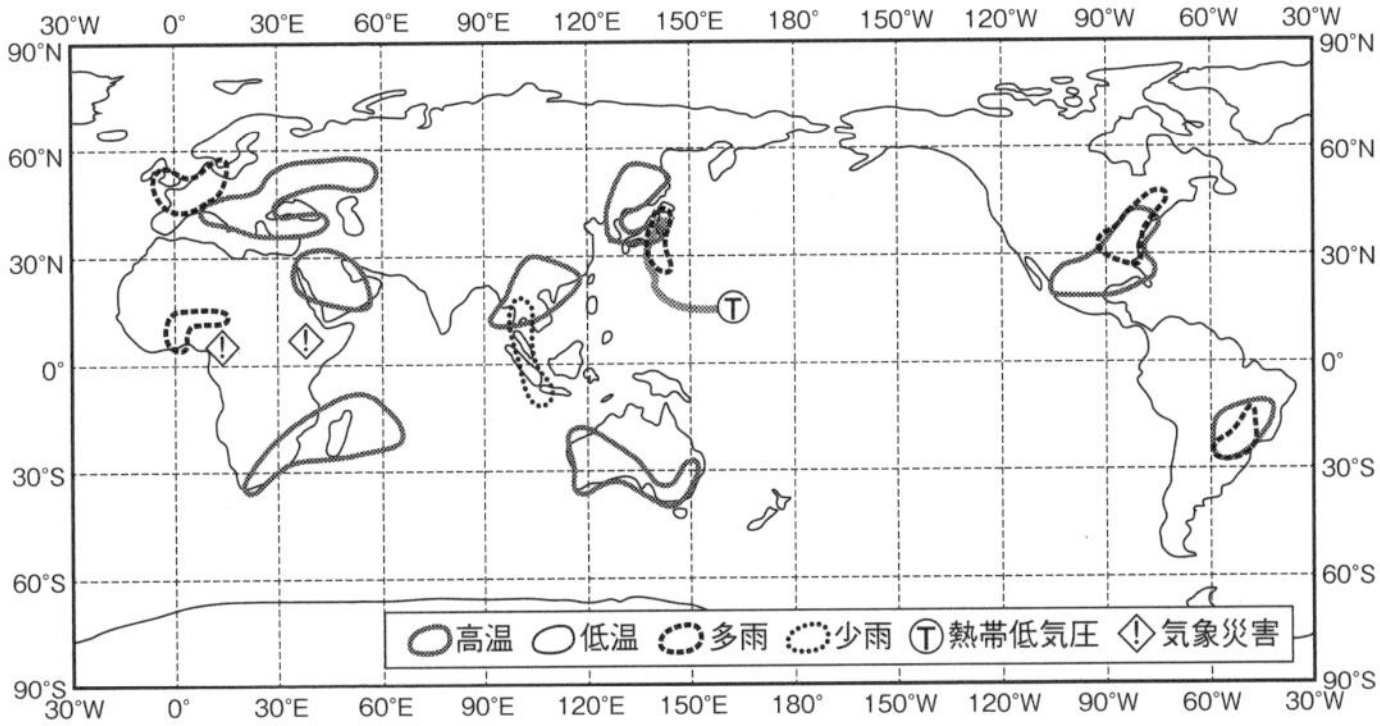

図3.1｜2019年10月の異常気象発生地域の分布（気象庁ホームページより）

すべての季節で見た場合は、毎年あるいは毎月、世界のどこかで異常気象が起こってもおかしくないのです（図3・1）。

異常気象を引き起こす原因の代表的なものとして、エルニーニョ・ラニーニャ現象と偏西風の蛇行があります。本書では、これら2つの現象が日本の雪に与える影響を中心に紹介します。それぞれの現象の詳しい説明については、筆者が編著者を務めた書籍『異常気象と気候変動についてわかっていることいないこと』をご参照ください。

エルニーニョ・ラニーニャ現象

エルニーニョ現象は、気象庁の定義を要約すると「太平洋赤道域の日付変更線付近から南米沿岸にかけて海面水温が平年より高くなり、その状態が1年程度続く現象」です。一方、ラニーニャ現象はその逆で「同海域で海面水温が平年より低い状態が続く現象」です（図3・2、3・3）。エルニーニョ・ラニーニャ現象は海水温が変動する現象ですが、熱帯域の大気が変動する現象に「南方振動」があります。これは、熱帯太平洋東部の海面気圧が平年より低い（高い）とき、太平洋西部からインドネシア付近の海面気圧が平年より高く（低く）なる現象です。

エルニーニョ・ラニーニャ現象と南方振動は、赤道域に吹く東風（貿易風）の強弱を通じてつながっています。そのため、両者を大気と海洋の一連の変動としてみて、エルニーニョ・南方振動（ＥＮＳＯ）と呼ぶこともあります。赤道域の海水温の変化は、赤道域の大気の流れに影響を与え、さらには地球全体の大気の流れにも影響を与えます。その結果、エルニーニョ・ラニーニャ発生時には、日本を含む世界各地で通

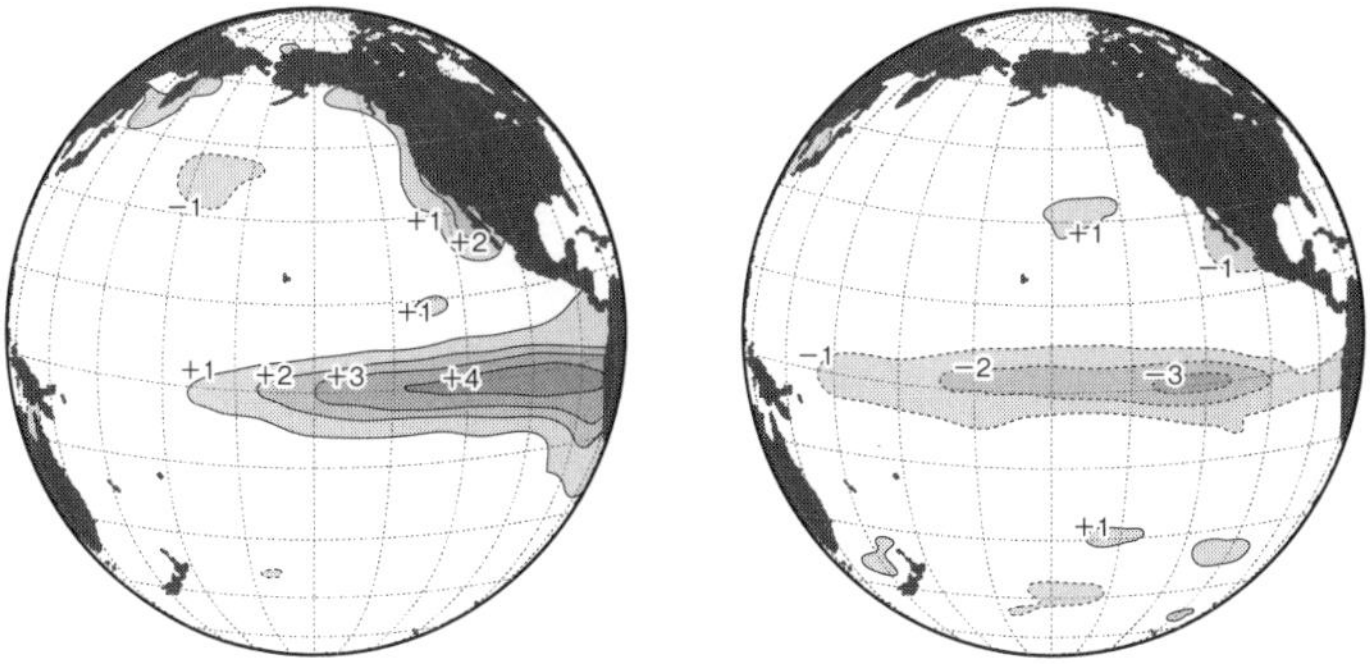

図 3.2 ｜（左）1997 年 11 月（エルニーニョ発生時）と（右）1988 年 12 月（ラニーニャ発生時）の月平均海面水温平年偏差

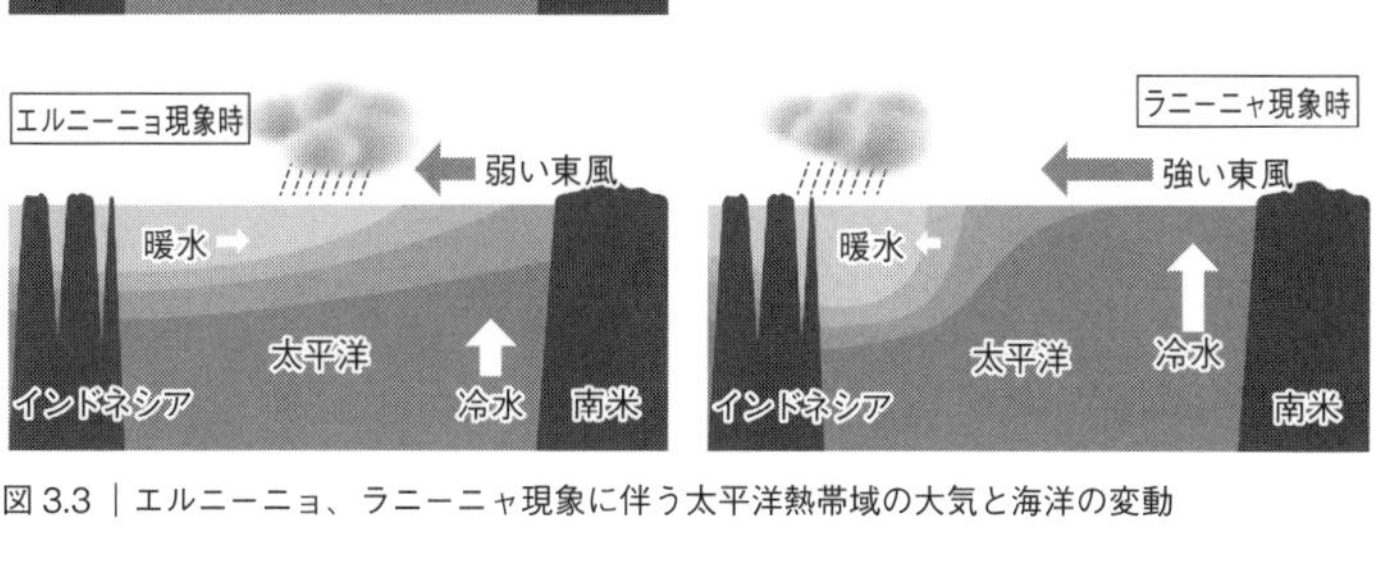

図 3.3 ｜エルニーニョ、ラニーニャ現象に伴う太平洋熱帯域の大気と海洋の変動

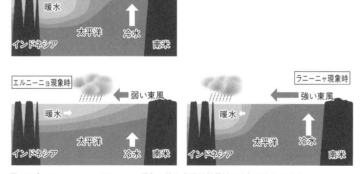

常とは異なった天候（異常気象）が発生しやすくなります。

それでは、エルニーニョ・ラニーニャ現象が起こったときの日本の冬の特徴を見てみましょう。エルニーニョが発生した冬は、北日本を除いて気温が平年より高く、暖冬になる傾向があります（図3・4）。冬型の気圧配置になりづらく、日本海側では降水量が少なくなります。気温が高めで降水量が少ないと、日本海側に降る雪の量は大きく減少します。一方、冬型の気圧配置が減る代わりに、日本の南海上を低気圧が通りやすくなり、太平洋側の降水量は平年より多くなります。ときには、低気圧による降水がすべて雪として降り、大雪の可能性も出てきます。つまり、エルニーニョ現象と日本の雪との関係は、日本海側では降雪や積雪が減少し、太平洋側では降雪や降雨の頻度が増加する傾向があるといえます。例えば、大規模なエルニーニョ現象が発生した１９９７／98年冬季や２０１５／16年冬季は暖冬となり、日本海側の降雪量が平年より少なくなりました。

中部山岳域などの高い山の雪を考える場合、冬の気温や降水量だけでなく、春（３月から５月）の気温も雪に大きく関係してきます。過去の統計によると、エルニーニョ

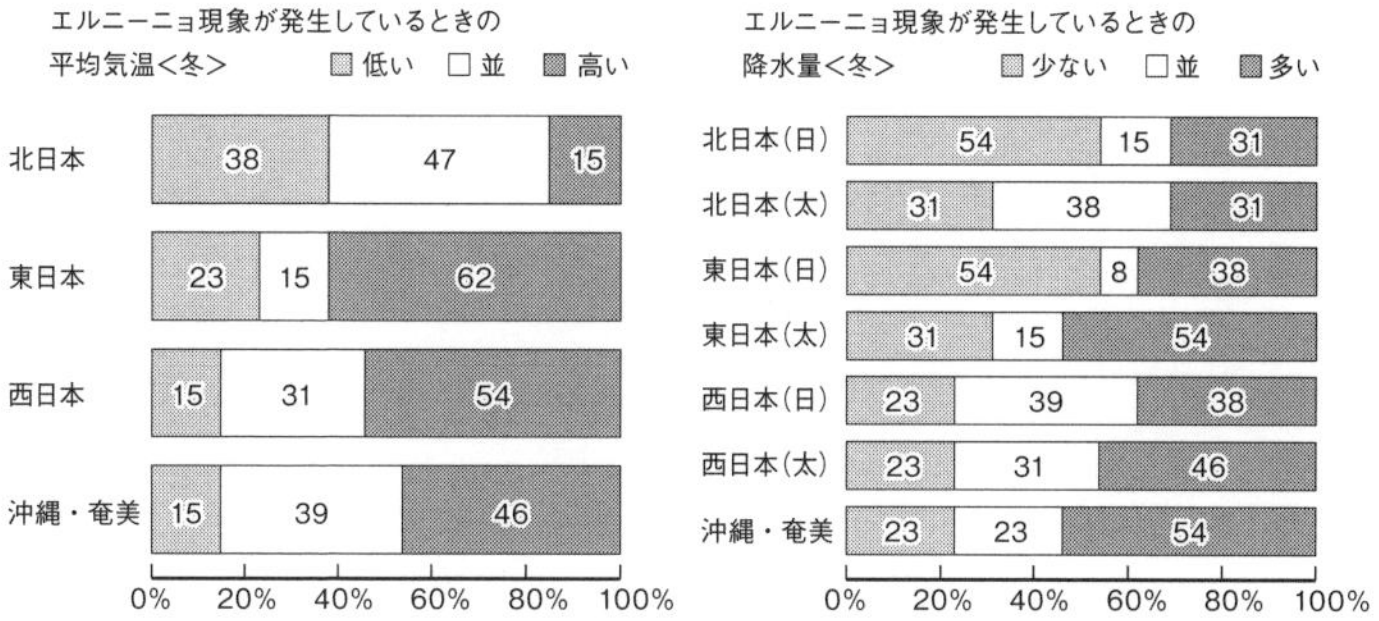

図3.4｜エルニーニョ発生時の日本の気温と降水量（冬）

発生時は春の気温が高くなる傾向があります。実際に、大規模なエルニーニョ現象が発生した2016年は、4月の気温が平年よりかなり高くなり、山岳地域の融雪が急速に進みました。冬に降雪が少なかったことも相まって、消雪時期（積雪がなくなる時期）がかなり早まりました。

逆に、ラニーニャ現象が発生したときには、冬の気温は全国的に平年より低いか平年並みのことが多く、寒い冬がやってきます。これまでの統計では、ラニーニャ現象が起こっていて暖冬になった年は15パーセント程度しかありません（沖縄・奄美を除く）。かなり高い確率で寒冬になるといえるで

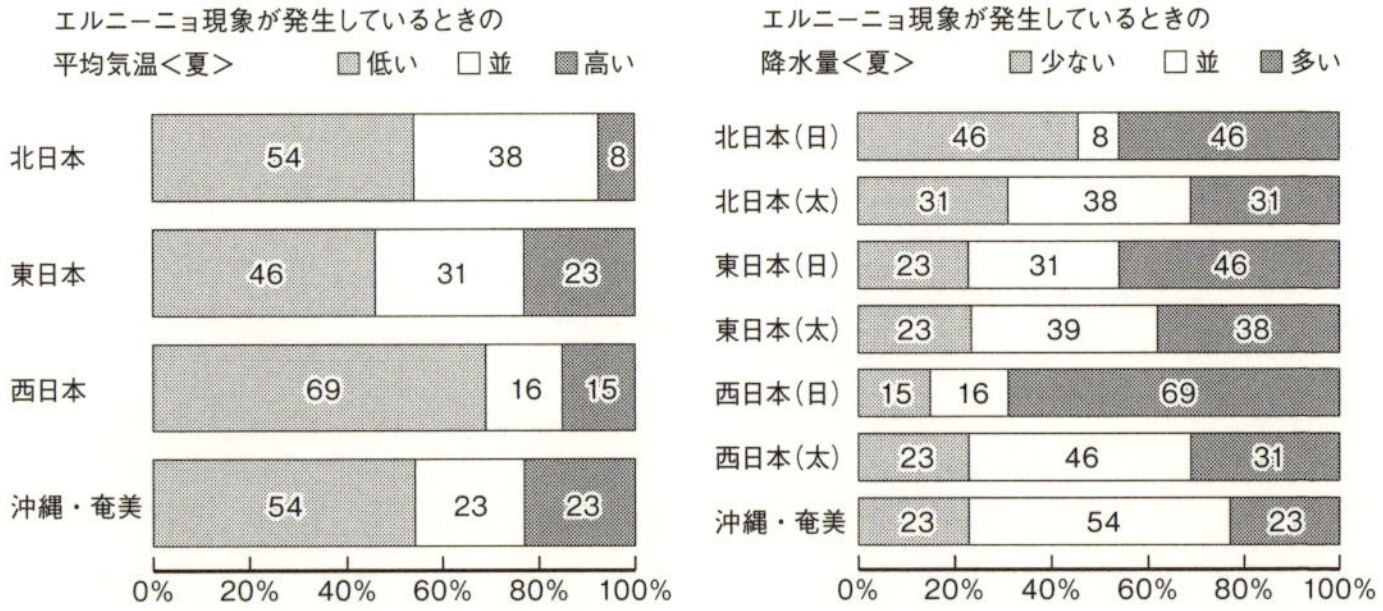

図 3.5 ｜エルニーニョ発生時の日本の気温と降水量（夏）

しょう。２０００年代後半から２０１８年までは比較的、寒い冬が続きましたが、この期間はラニーニャ傾向になることが多く、ラニーニャ現象が関連していたと言われています。

　せっかくなので、エルニーニョ現象と夏の気候の関係も見てみましょう（図３・５）。気象庁の過去の統計によると、エルニーニョが発生すると、全国的に夏の気温が低い傾向になります。つまり、冷夏が起こりやすくなります。西日本では70パーセント近い出現率で、平年より気温の低い夏になります。猛暑になる確率は、北日本、東日本、西日本、沖縄・奄美のいずれも25パーセント以下です。降水量は西日本の日本海側や東日本、北日本では平年より多い確率が高く、そのほかの地域も平年より多いか平年並みになりやすいとされています。また、日照時間も平年並みか平年より少なくなります。ただ、北日本だけは、日本海側・太平洋側のいずれも、降水量が平年より多い年と少ない年の出現率がほぼ同じになっています。北日本の夏の気候は、あまりエルニーニョ現象に左右されないようです。

一方、ラニーニャ現象が発生すると、傾向が逆になります。東日本を中心に平年より気温が高くなりやすく、降水量も平年より少なくなります。日照時間も平年より長くなり、いわゆる猛暑が起こりやすくなります。ラニーニャ現象発生時は夏が暑く、冬が寒いということは、1年間の気温較差（夏の気温と冬の気温の差）が大きくなり、1年間の気温変動が大きくなることを示唆しています。一方、エルニーニョ現象発生時はその逆で、年間の気温差は小さくなります。

エルニーニョやラニーニャが起こっているからといって、必ずしも冬や夏の気候が過去の統計通りになるとは限りません。図3・4や図3・5が確率で示されていることがそれを物語っています。中緯度に位置する日本は、熱帯や極域、中緯度からの影響を受けるために、実際にはそれらの大小あるいは相互作用により、冬や夏の気温や降水量、降雪量が決まります。

それではなぜ、熱帯太平洋の海面水温や大気の影響が、遠く離れた中緯度の天気を変えるのでしょうか。これにはテレコネクション（遠隔伝搬）と呼ばれる、大気中の波の伝播が関連しています。テレコネクションの詳細は書籍『異常気象と気候変動についてわかっていることといないこと』の1・2節に詳しく書かれているのでご参照ください。簡単には、エルニーニョ・ラニーニャ現象に起因して、熱帯域での対流活動（積乱雲の活動）が変化します。積乱雲は強い上昇気流を伴うので、積乱雲がたくさんある（対流活動が強まる）と、その地域では上昇気流が強まり、逆に積乱雲が減る（対流活動が弱まる）と上昇気流が弱まります。この強弱が熱帯の大気を刺激するかたちになり、それを発端として中緯度の大気の流れを変えます（どこかで上昇気流が強まれば、どこかで下降気流が強まらないとバランスがとれない）。熱帯から中緯度へと波が伝わっていくテレコネクションの一つのパターンに、ＰＪパターン（Pacific-Japan pattern）と呼ばれるものがあります。ＰＪパターンが夏に発生すると、太平洋高気圧を強めて猛暑の原因となることもあります。熊谷で41・1度（当時の観測史上最高）を観測した2018年7月の猛暑にも、このPJパターンが関連していたと言われています（Imada *et al.* 2019）。また、熱帯の対流活動は中緯度の偏西風（次項を参照）にも影響を与えて、偏西風を北上あるいは南下させる効果もあります。

偏西風の蛇行

エルニーニョ現象は冬季や夏季の平均気温や総降水量に影響を及ぼすことがわかっていますが、もう少し短い期間（数日から10日）で異常な低温・高温、大雨・大雪などをもたらすのが偏西風の蛇行です。偏西風は中緯度の上空に吹く強い西風で、南北の気温の傾度（変化の度合）によってつくられます。気温の傾度が大きい場所、つまり、南から北に行くと急激に気温が下がる場所の上空では、強い西風が吹きます。そのため、偏西風が吹いている限り、偏西風の北側には常に冷たい空気があり、南側には暖かい空気があると思ってください。この南北の気温傾度と上空の強い西風との関係を「温度風の関係」と言います。温度風の関係は、地球が自転していることと、冷たい空気と暖かい空気の間に気圧の差があることなどを考慮すると導き出されます。詳しく知りたい方は『異常気象と気候変動についてわかっていることといないこと』の2・1節や各種専門書をご参照ください。偏西風の中でも特に風が強いところをジェットといいます。日本周辺には北と南に2つのジェットが存在し、北側のジェットは寒帯前線ジェット、南側のジェットは亜熱帯ジェットと呼ばれます。

偏西風が蛇行せずに西から東に吹いていれば、北の冷たい空気が南に下がることも南の暖かい空気が北に上がることもなく、偏西風に伴う異常気象は発生しません。問題はこの偏西風が蛇行したときです。冬季に偏西風が蛇行すると、北極にたまった冷たい空気を南に、中緯度にあった暖気を北に運びます（図3・6）。このとき地上ではさまざまなことが起こります。まず、南に膨らんで流れる偏西風の前面（東側）で暖気が入ります。そのあと前線を伴った低気圧が発達しながら通過。そして、強い冬型の気圧配置に移行し、寒気が流れ込みます。いわゆる寒波の襲来です。この一連の流れが、上層（偏西風の蛇行）と下層（低気圧、高気圧、前線）が連動するかたちで

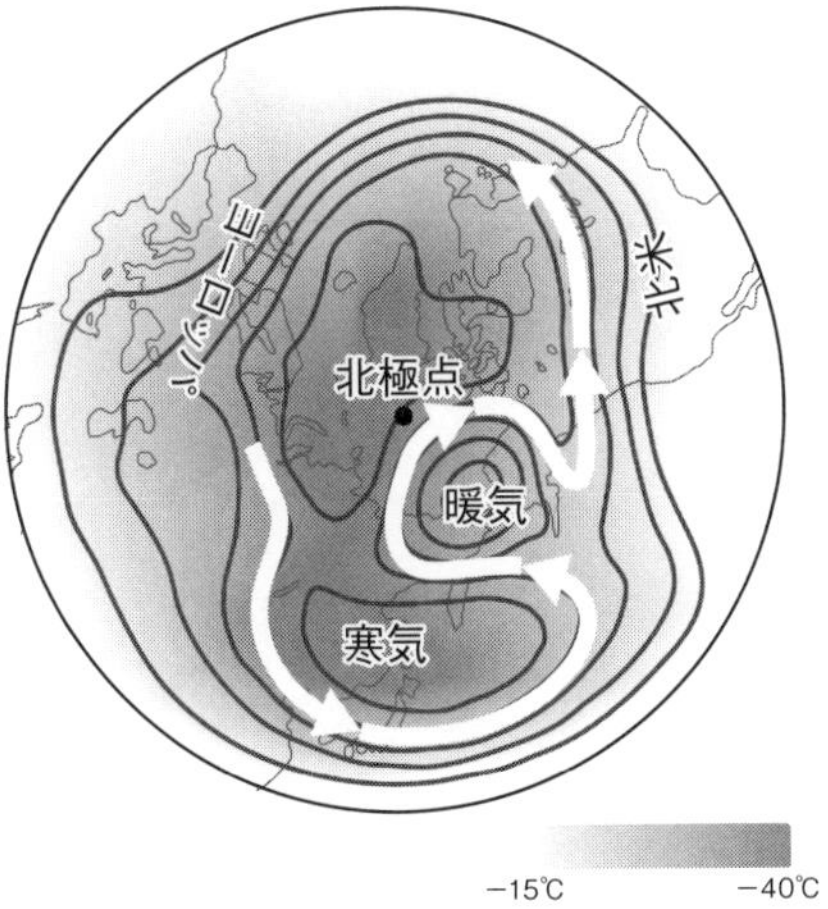

図 3.6 ｜偏西風の蛇行

起こります。通常は蛇行した偏西風が日本にやってきても、2、3日で東に抜けていくため、一時的に気温が下がる程度で、異常気象にはなりません。異常気象が起こるのは、偏西風の蛇行が同じ場所にとどまったときです。蛇行が動いていかないと、異常低温や大雪などが長期間続くことになり、週、あるいは月単位で30年に1度の基準を超えると、「異常気象」に認定となります。

偏西風の蛇行は、中高緯度であれば世界中で起こる可能性があります。2013年12月から1月にかけて、北アメリカでは偏西風の大きな蛇行が持続し、顕著な低温となりました。アメリカ・モンタナ州のグレートフォールズでは、12月7日の日平均気温がマイナス29度以下となり、平年を27度以上も下回りました。放射冷却の影響を強く受ける最低気温だけではなく、昼間も含めた日平均気温でマイナス30度近くまで下がったのです。この寒波の影響で、12月上旬には4名、1月上旬には14名の犠牲者が確認されたほか、停電や航空機の遅延・欠航など、大きな影響が出ました（平成26年1月22日気象庁報道発表）。また、2019年1月下旬にも、カナダからアメリカ北部が寒波に襲われました。これも偏西風の蛇行に関連するものです。このときは偏西風の蛇行により、本来、北極域にある「極渦」と呼ばれる上層の寒冷で大規模な渦が南下し、大寒波をもたらしました。

冬季の日本でも、たびたび偏西風の蛇行に伴い、大寒波に襲われます。日本への寒気の流れ込みには、2つのテレコネクションパターンが関係すると言われています。西太平洋パターン（WPパターン：Western Pacific pattern）とユーラシアパターン（EUパターン：Eurasian pattern）です（図3・7）。このパターンの違いによって、寒気がどこからやってきて、日本のどの地域に低温や大雪をもたらすかが分かれます。ユーラシアパターンの場合、北回りに寒気が流れ込むために、北海道や

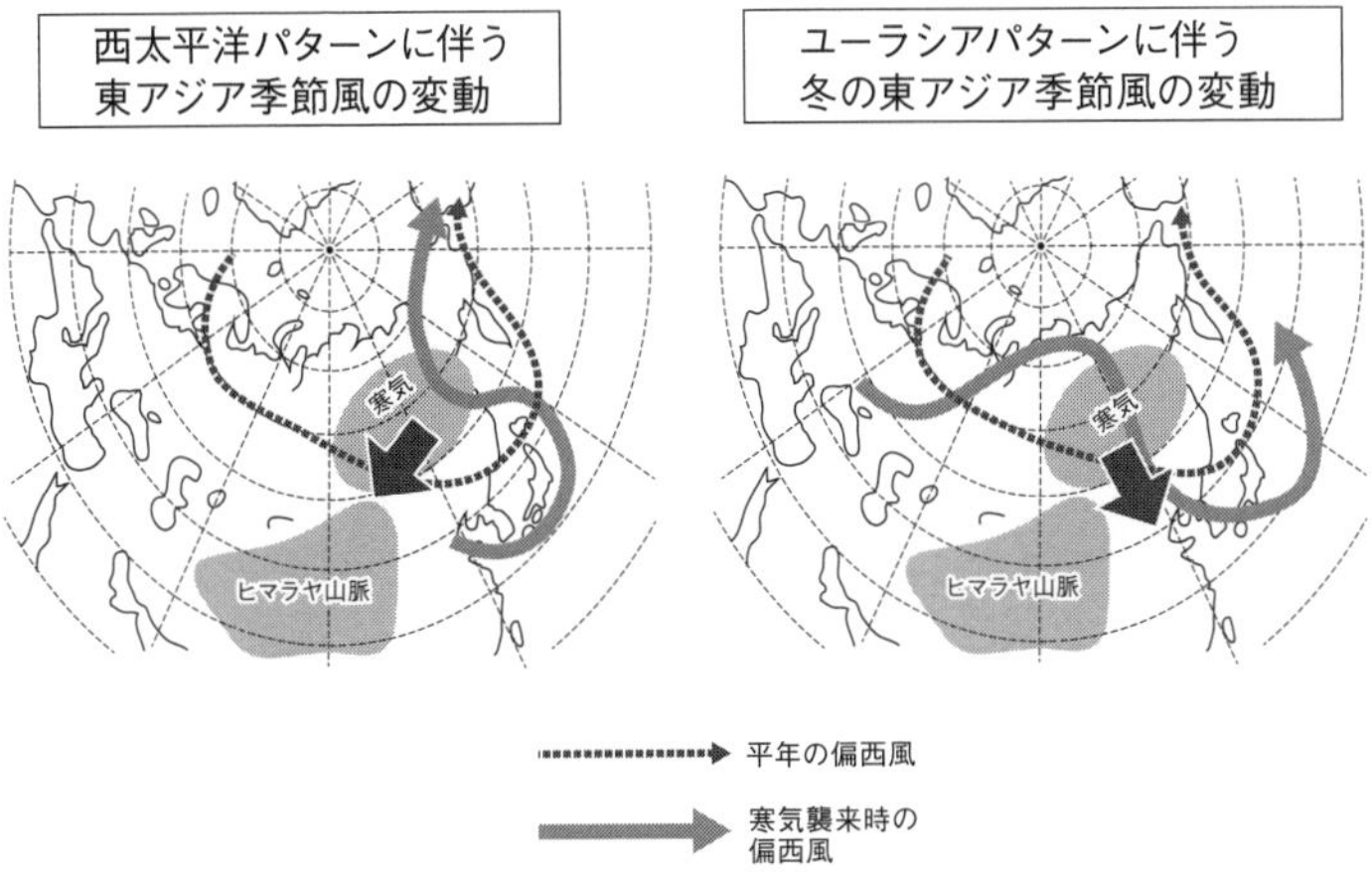

図 3.7 ｜ WP パターンと EU パターン（『異常気象と気候変動についてわかっていることいないこと』図 2.6 と図 2.7 より）。（Takaya and Nakamura（2013）の結果をもとに作成）

東北で気温が下がり、大雪となります。一方、西太平洋パターンでは寒気は西回りで流れ込み、西日本で特に気温が下がり、山陰や北陸西部で大雪になりやすくなります。逆にこのパターンでは、北日本には寒気が入らず、平年より気温が高くなることもあります。西太平洋パターンとユーラシアパターンは『異常気象と気候変動についてわかっていることいないこと』の2・2節で詳しく紹介していますので、そちらをご参照ください。

海氷の減少と日本の雪

3・2節以降で紹介する地球温暖化と絡めて、少し変わった視点から日本の寒波や雪を調べた研究があります。北極海の海氷の減少と日本の冬との関係です。地球温暖化で気温が上がると、北極海の氷が減少します。減少するといっても、冬はしっかりと氷に覆われます。氷が消えるのは、夏から秋にかけてです。この時期はこれまで氷が張っていた場所が、地球温暖化によって氷が張らず、海面が顔を出すようになります。

海氷があるかないかで、海が大気に与える影響が大きく異なります。海氷がないと、海から多くの熱と水蒸気が出て、大気に供給されます。すると、これが原因で、北極海やユーラシア大陸の大気の流れが変わります。特に、バレンツ海・カラ海の海氷の減少は、ユーラシア大陸上の大気、つまりはシベリア高気圧に影響を与え、日本への寒気の流れ込みを変えることが指摘されています。海氷があったときと比べると、日本に寒気が流れ込みやすくなり、寒い冬になる可能性があります（図3・8）。

このメカニズムは、最初に、新潟大学の本田明治教授が提唱し（Honda *et al.*

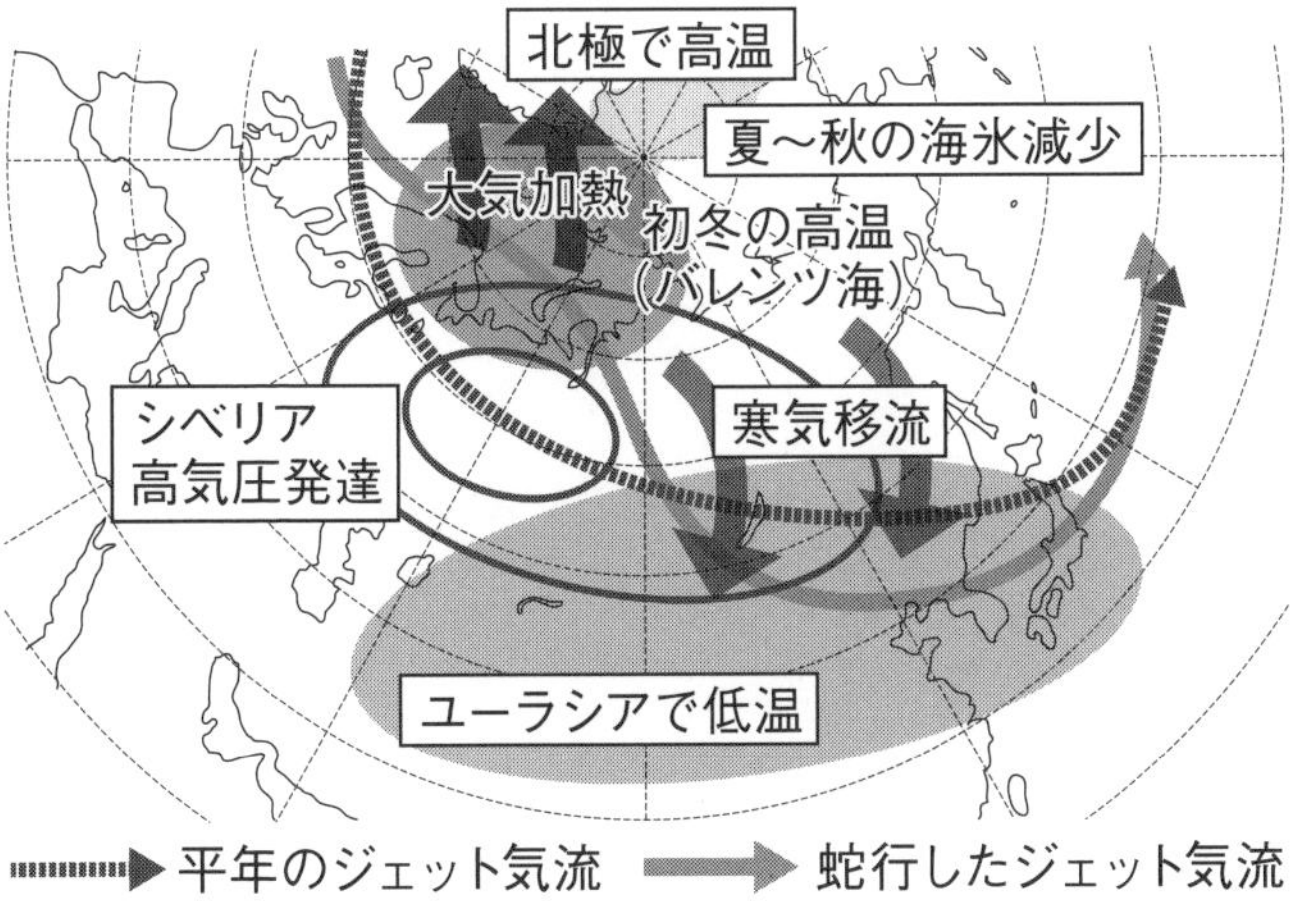

図 3.8 | 北極海の海氷減少がもたらす初冬のユーラシアの低温（本田（2011）の図をもとに作成）

2009）、その後、多くの研究者がその影響を調査しています。つまり、地球温暖化により一見冬が暖かくなり、雪も減りそうですが、同時に海氷と大気の相互作用により、日本は温暖化の初期段階では寒い冬、雪の多い冬が多くなる可能性が指摘されているのです。

ただし、この効果によって、毎年寒い冬がやってくるわけではありません。前述のように、日本の冬は、海氷の減少の効果だけではなく、エルニーニョ・ラニーニャ現象や、偏西風の蛇行など、多くの現象の影響を受けます。日本の毎年の冬の天候が、実際に海氷の影響を受けていたかどうかを見積もるのは困難です。ただ、観測データや気候モデルを用いた研究から、少なくとも地球温暖化がもたらす北極海の海氷の減少が、同じく地球温暖化で暖かくなろうとする日本の冬を、寒い方向に戻そうとしている可能性はありそうです（Mori *et al.* 2019, Nakamura *et al.* 2019）。

しかし安心はできません。この海氷減少による日本への寒気の流入強化は、地球温暖化の進行時に起こる一時的な現象だと考えられます。この先、地球温暖化が進み、海氷がさらに減少すると、大気の流れがまた変わり、日本ではいまより寒気が流れ込みにくくなるかもしれません。また、地球温暖化により、世界全体の気温が上がってくれば、海氷による効果も薄れてくるでしょう。海氷減少の影響を受け、気温上昇が抑えられていた日本の冬が、一気に暖かい冬に変わってしまう可能性もあります。

3.2 地球温暖化のいろは

上昇する気温

前節の最後で地球温暖化について少し触れましたが、地球温暖化は確実に世界、そして日本の気候を変えつつあります。ここでは地球温暖化の仕組みや現状を見ていくことにしましょう。

２０１８年7月23日、埼玉県の熊谷市で41・1度を観測し、当時の日本の最高気温の記録を塗り替えました。同日、東京都青梅市でも40・8度と都内初の40度超えを記録し、この夏は各地で40度を超える猛烈な暑さとなりました。「災害級の暑さ」が２０１８年のユーキャン新語・流行語大賞でトップテン入りするほど世間でも注目を集めました。

地球温暖化は世界規模で長期的に気温が上昇する現象です。異常気象が、ある気候の中で30年に一度起こる異常な現象であるのに対して、地球温暖化は、前提となる気候自体を徐々に変えてしまいます。世界各地で観測された気温を解析すると、世界平均気温は１８８０年から２０１２年までの１３２年間で、０・85度上昇したと見積もられています（Hartmann *et al.* 2013）。１８９０年から２０１８年までの世界の平均気温の変動が図３・９です。気温は年によって上がったり下がったりを繰り返しながら、長期的には徐々に上がってきています。また、10年程度の変動があることがわかります。20世紀半ばは気温上昇が停滞した時期で、この頃は将来の寒冷化も懸念されていたようです。

１９８０年以降、再び気温上昇が加速します。地球温暖化が現実味を帯びてきた時代です。１９８８年に気候変動に関する政府間パネル（ＩＰＣＣ）の第１回会合が開かれ、２年後の１９９０年に第１次評価報告書が発表されました。その後、第２次、第３次と発表され、２０１９年現在、最新は第５次報告書（２０１３年発表）です。そして２０２１年から２０２２年にかけて第６次報告書が作成される方向で進んでいます。

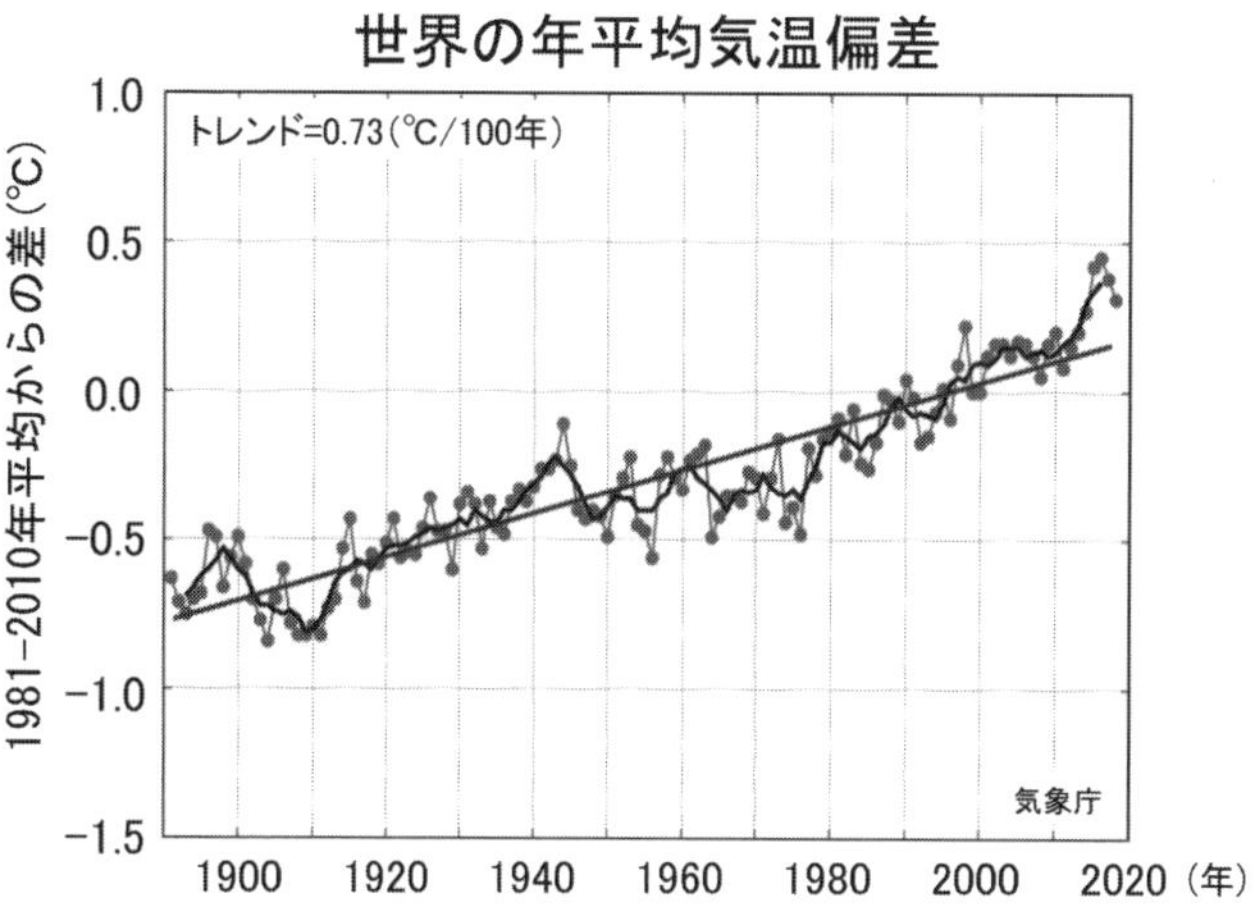

図 3.9｜世界の年平均気温偏差の経年変化（気象庁ホームページより）

2000年頃から2010年頃まで、気温上昇が再び停滞します。この期間は、ハイエイタス（Hiatus：温暖化の停滞）と呼ばれています。世界各国の気候学者がハイエイタスの原因について研究しました。ハイエイタスの有力な説の一つが、この期間は地球にたまる熱が大気ではなく、海の深いところに入っていたために、大気の気温の上昇が止まっていたというものです。また、この期間はエルニーニョが不活発でラニーニャ寄りの状態が続いたため、気温上昇が抑制されていたとも指摘されており、複数の要因で気温上昇が抑えられていました。ところで、ラニーニャが発生すると、日本の夏は平年より暑くなる傾向があります（157ページ）。そのため、地球温暖化は停滞していても、日本は暑い夏に何度か襲われました。

この停滞も2014年に終わりを迎えます。2015年のエルニーニョ現象をきっかけに気温上昇が一気に加速したように見えます。これまで観測史上最も気温が高かった1998年の記録を2015年に塗り替え、翌2016年にはさらにその記録を超えました。2019年現在、2016年が観測史上最高の気温となっています。このまま地球温暖化が進めば、近いうちに2016年の記録も抜かれるでしょう。

温暖化の原因は温室効果ガスの増加

このような長期的な気温上昇の原因となっているのが、温室効果ガスの増加です。温室効果ガスはその名の通り、温室効果を持つ気体です。温室効果とは、地球や雲から出る赤外放射（1・1節）を吸収し、大気を暖める現象です。代表的な温室効果ガスとしては、二酸化炭素（CO_2）やメタン（CH_4）、一酸化二窒素（N_2O）、オゾン（O_3）

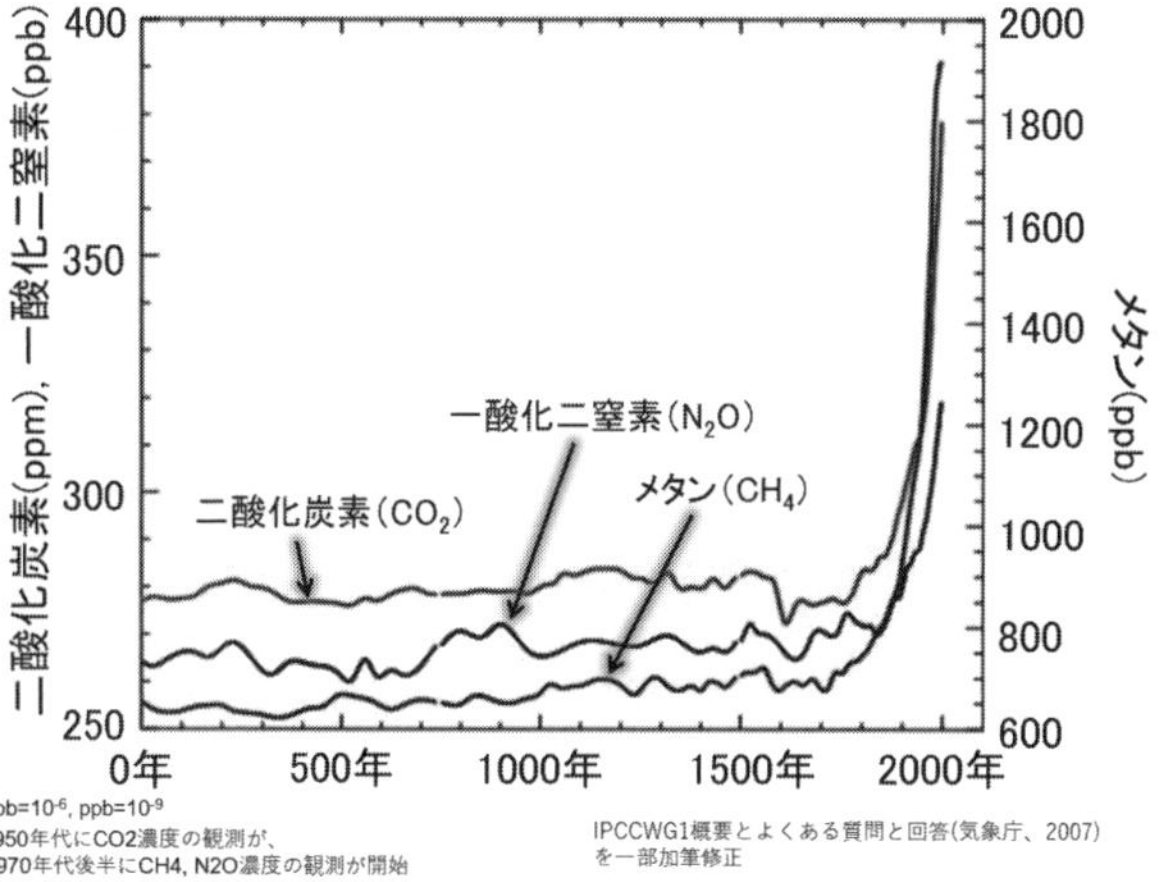

図 3.10 ｜温室効果ガス濃度の変化（気象庁ホームページ（IPCCWG1 概要とよくある質問と回答）を一部加筆修正）

があり、水蒸気（H_2O）も温室効果ガスの一つです。じつは、水蒸気が最も大きな温室効果を持っています。ただ、近年の地球温暖化を引き起こしている犯人は水蒸気ではありません。主犯とされるのは、人間活動（化石燃料の燃焼など）によって排出される二酸化炭素などの温室効果ガスです。

図3・10に西暦0年からの温室効果ガスの濃度の変化を示します。産業革命以降、大気中の二酸化炭素濃度が増加しはじめ、特に産業活動が活発になる1900年以降に、急速に温室効果ガスが増加していることがわかり

ます。1900年頃は300ppmだった二酸化炭素の濃度が、2000年には380ppm、そして図にはありませんが、2018年の観測では400ppmを超えています。

地球温暖化の主犯は水蒸気ではなく二酸化炭素と書きましたが、水蒸気が関与していないわけではありません。水蒸気は人間活動によって増えたり減ったりするものではないものの、大気中に含むことのできる水蒸気量は気温で決まっています（図2・3）。つまり、気温が上がれば水蒸気量が増え、結果として温室効果を強め、さらに気温を上げることになります。水蒸気は自ら進んで地球温暖化を引き起こしているわけではありませんが、人為起源の二酸化炭素などの温室効果ガスの増加が気温を上げるせいで、気温上昇に加担してしまっているのです。

過去の温室効果ガスの濃度はどうやってわかるのか？

ところで、図3・10のデータが西暦0年からあることに疑問を感じませんか？　最近は温室効果ガスを直接観測しているのでデータがあって当然なのですが、江戸時代や室町時代、平安時代、弥生時代あたりまで濃度がわかっていることになります。そんな昔に温室効果ガスの観測をしているはずはありません。では、どのようにして濃度がわかるのでしょうか？

地球上には、昔の空気が閉じ込められている場所があります。それは氷の中です。ただし、1年や数年でなくなるような氷ではありません。数百年から数千年前の氷が残っている場所、南極やグリーンランドです。ここには数百メートルから数千メートルの厚い氷（氷床）があり、その中に昔の温室効果ガスが閉じ込められています。この氷を細長く取り出したものをアイスコアと呼びます。アイスコアから地層のように年代を特定することで、西暦0年や西暦1000年に温室効果ガスの濃度がどの程度だったかを推定できるのです。図3・10には西暦0年までしか描かれていませんが、さらに昔、数千年から数万年前の温室効果ガスの濃度を推定することも可能です。

増えると困る二酸化炭素、でもなかったらもっと困る——温室効果

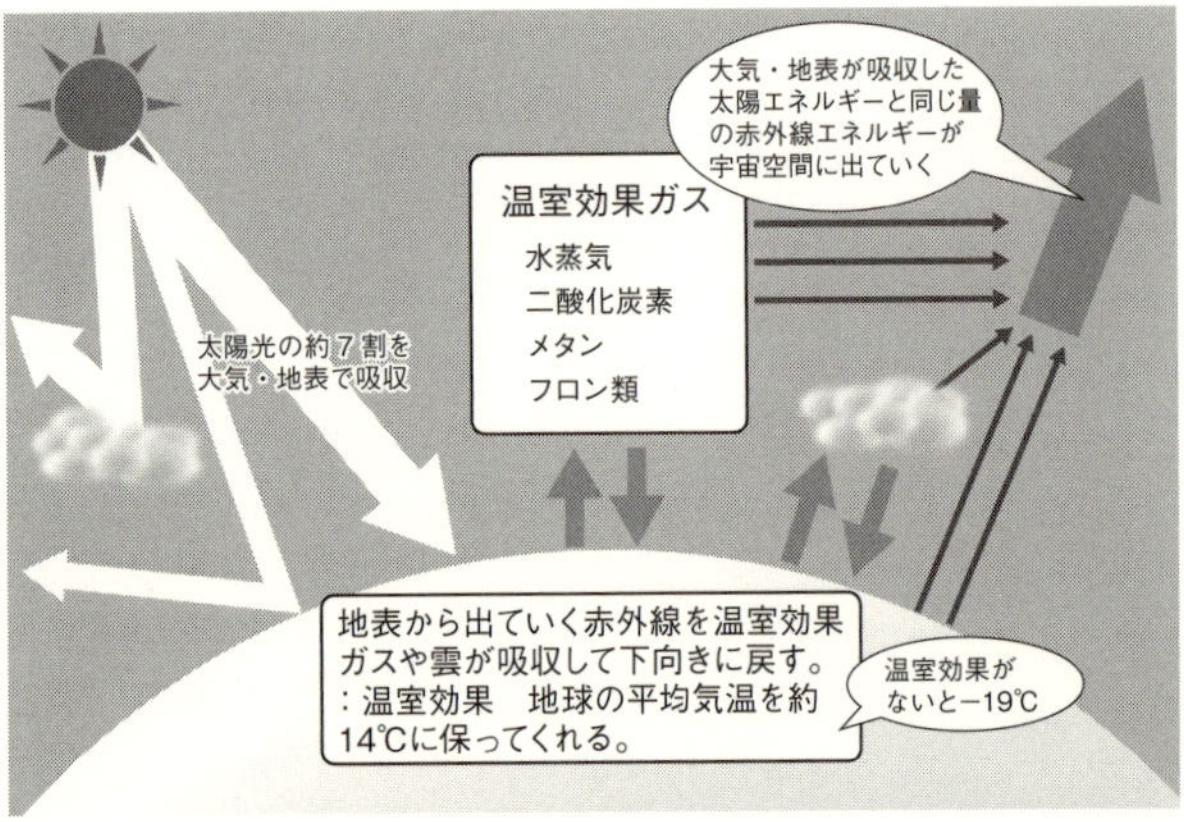

図 3.11 ｜温室効果（気象庁ホームページをもとに作成）

地球温暖化を引き起こす犯人が二酸化炭素をはじめとする温室効果ガスと聞くと、温室効果ガスが悪者のように感じるかもしれませんが、温室効果ガス自体は我々が地球上で生活するために不可欠なものです。

もし仮に、地球上に温室効果ガスがまったくなければ、地球の気温はどうなるでしょう。この値は、太陽から入る放射量と地球から出ていく放射量のバランスから計算することができ、地球の平均気温はおおよそマイナス19度になると見積もられています。このような気温では、いまのような多様な生

態系は誕生しなかったでしょう。少なくとも人類はいまのかたちでは生きていけません。

二酸化炭素は、窒素や酸素と比べると大気中にごくわずか（約0・04パーセント）しか含まれていませんが、この微量な温室効果ガスが地球から出る赤外線（赤外放射）を吸収することで、地球の大気（対流圏）の気温を上げ、我々が住みやすい気温（世界平均で14度程度）が保たれているのです（図3・11）。なお、170ページで説明したように、この気温上昇には、二酸化炭素だけでなく水蒸気も関与しています。地球温暖化の問題は温室効果ガスが「存在すること」ではなく、「近年急速に増加したこと」なのです。

どうして化石燃料を燃やすのはよくないのか？——炭素循環

さて、皆さんもご存じの通り、人や動植物は呼吸によって酸素を取り込み、二酸化炭素を放出します。呼吸が地球温暖化を引き起こすことはないのでしょうか。大丈夫です。その心配はありません。呼吸によって排出される二酸化炭素では地球温暖化は進みません。動物や植物は呼吸によってたしかに二酸化炭素を出します。一方で、植物は二酸化炭素を吸収し、光合成によって二酸化炭素と水から栄養分をつくり、酸素を大気中に放出します。その結果、植物の中には炭素が残ります。動物はこの炭素を取り込んだ植物を食べ、大型の動物は小型の動物や植物を食べて炭素を取り込み、再び呼吸によって二酸化炭素を大気中に出します。このような炭素あるいは二酸化炭素の流れを炭素循環と呼びます。通常は、生態系の中で炭素が回っているだけで、炭素や二酸化炭素が増えることはありません。

ここで問題になるのが、本来の炭素循環では起こりえない炭素（二酸化炭素）の大気への供給です。その代表が石油や石炭といった化石燃料です。化石燃料はもともと地上で炭素循環を担っていた動植物が死んだあと、地面あるいは海中に堆積し、長い年月をかけて地中深くに封じ込まれたものです。そのため、何もしなければ、ここに含まれた炭素が急に大気中に二酸化炭素のかたちで放出されることはありません。しかし、人間が産業革命により化石燃料を発掘し、使いだしたことで、地中深くの炭素（二酸化炭素）を大気に放出し始めました。これは本来、炭素循環の外にあった炭素（二酸化炭素）を炭素循環の中に組み込むことになり、炭素循環に変化が生じます。もちろん、増えた二酸化炭素を植物や海水が吸収してくれるので、いくらか大気中の濃度が増えないようにできますが、それには限界があります。植物や海が吸収しきれなかった二酸化炭素は大気に残っていきます。地中の炭素を掘り出し、二酸化炭素のかたちで大気中に放出するのを止めない限り、どんどん大気中の二酸化炭素が増えていきます。

日本の気温変化——地球温暖化とヒートアイランド

世界で地球温暖化が進んでいる状況はわかりましたが、日本はどうでしょう。日本では100年あたり1・21度の割合で気温が上昇していると言われています（図3・12）。世界の気温上昇の割合よりは少し高くなっていますが、都市部に住み続けている皆さんはもっと気温が上がっているような気がしませんか？　多くの人にとって、その感覚は間違っていません。じつはこの気温上昇の数字は、都市化の影響が小さいとみなされる全国15観測点のデータをもとに算出されてます。東京や名古屋、大阪をはじめとす

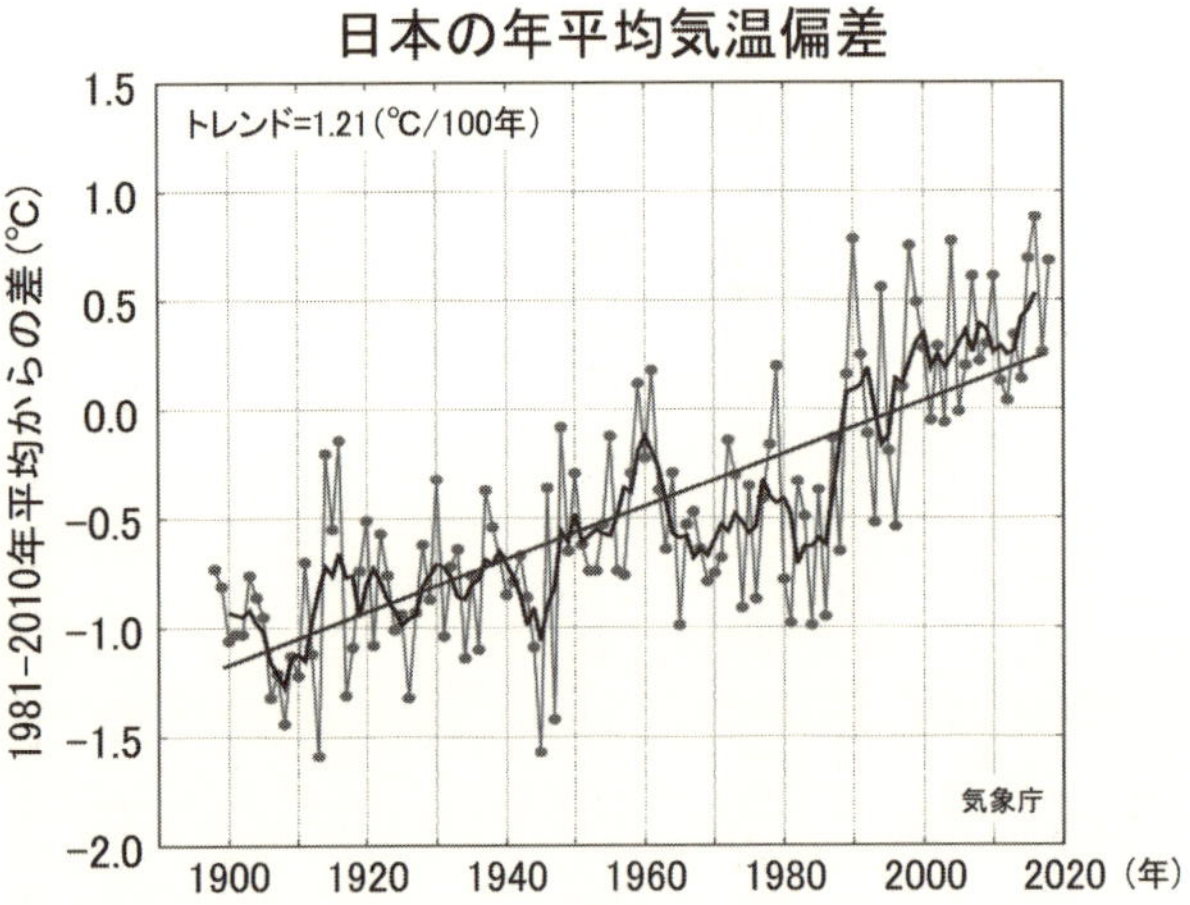

図 3.12 ｜日本の年平均気温偏差の経年変化（気象庁ホームページより）

る都市部のデータは含まれていません。大都市では季節によっては3度以上の気温上昇が起こっています（気象庁、2018：ヒートアイランド監視報告2017）。

都市化による気温上昇は、都市の中だけで起こります。気温の分布で見ると、気温の高い都市がまるで島のように浮かび上がって見えるので、ヒートアイランド現象と呼ばれます。ヒートアイランドも人間活動によって引き起こされるという点では地球温暖化と同じですが、原因は二酸化炭素ではなく、人工排熱や土地利用の変化（ビルやアスファルト）などです。ヒートアイランドの範囲は都市域に限られ、地面近くで顕著に現れます。ヒートアイランドの詳しい説明は気象庁のウェブサイトをご参照ください（https://www.data.jma.go.jp/cpdinfo/himr_faq/index.html）（2019年閲覧）。

地球温暖化の原因となる二酸化炭素は、いったん排出されると全世界に拡散するため、ヒートアイランドとは異なり、地球規模で気温を上昇させます。わずか数か国が多量に二酸化炭素を放出すると、世界中の国々が影響を受けてしまう、これが地球温暖化の厄介なところです。

3.3 地球温暖化によって変わりつつある気候

過去の雨と雪の変化

地球温暖化は気温だけでなく、雨や雪、干ばつ、台風などさまざまな現象に影響

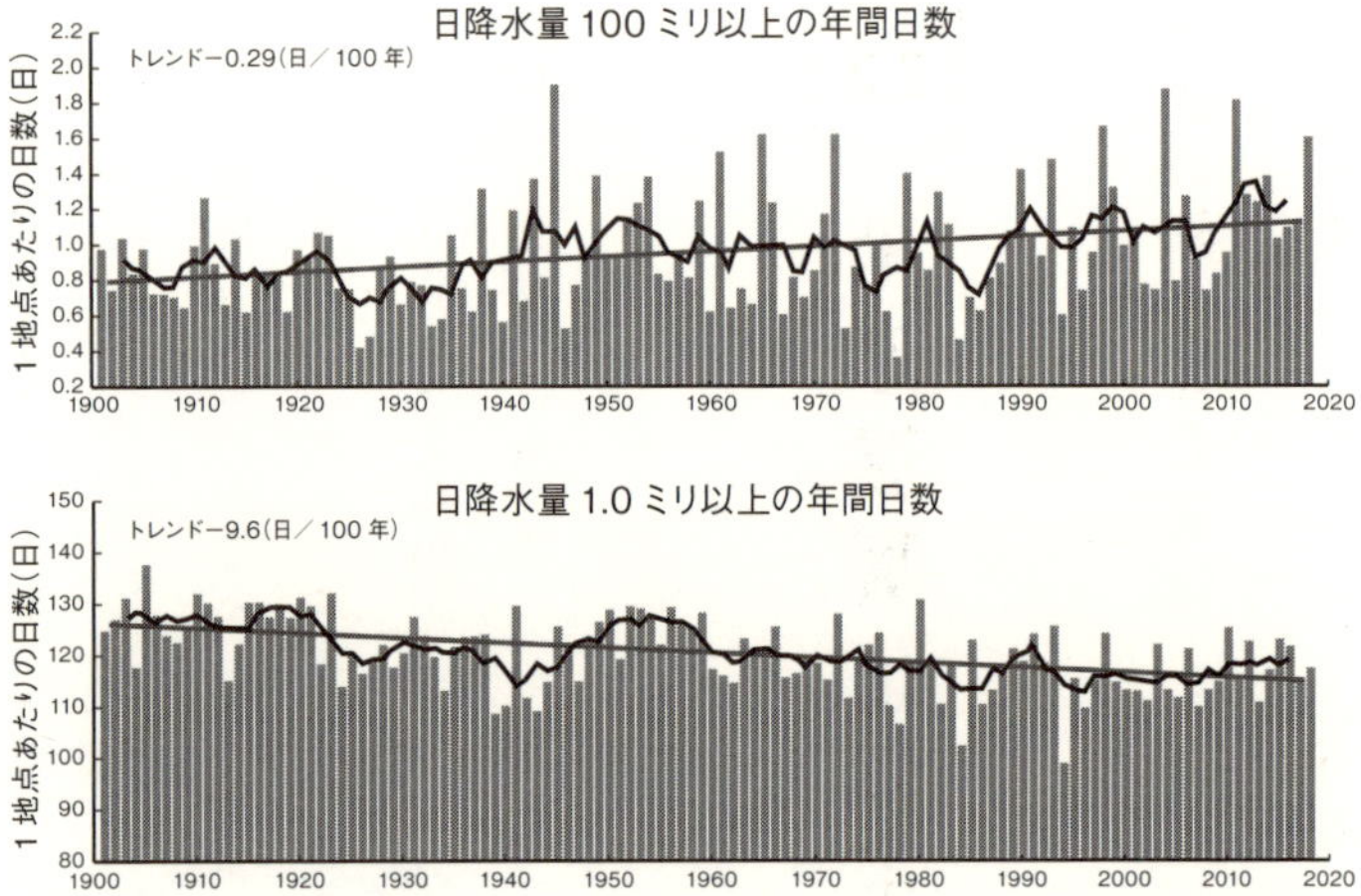

図 3.13 │（上）日降水量 100 ミリ以上の年間日数と（下）1.0 ミリ以上の年間日数の変化
（気象庁「気候変動監視レポート 2018」の図を一部加工）

を及ぼします。気象庁は、気象官署や測候所で観測された過去約１００年間の降水量データから、日降水量１００ミリ以上の大雨日数が増加してきていることを示しています（図３・13）。一方で、１ミリ以上の降水日数は明瞭に減少しています。つまり、雨は降りにくくなってきているが、いったん降ると大雨になりやすいことを示していいます。１９７５年以降、全国にアメダス（Automated Meteorological Data Acquisition System：AMeDAS）と呼ばれる観測網が整備されてからは、より多くのデータを用いた解析ができるよう

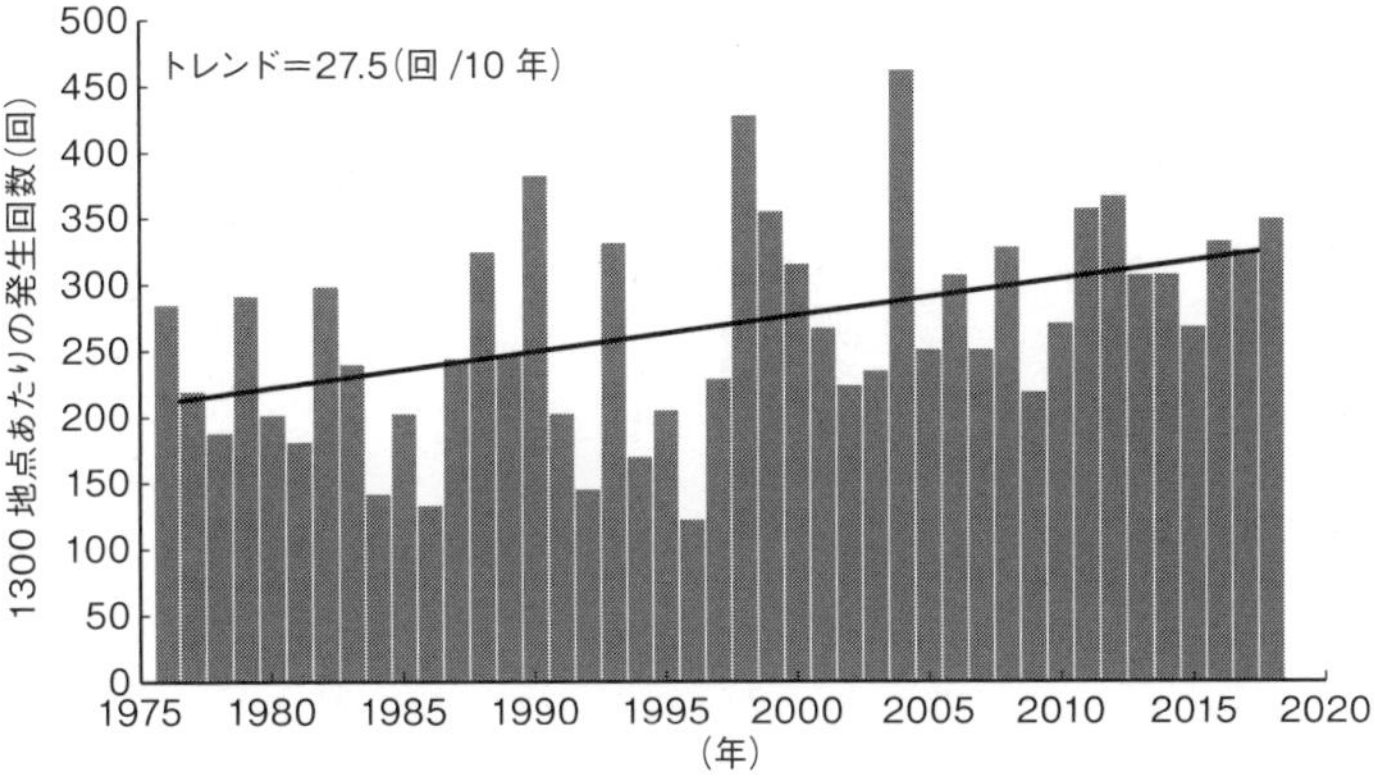

図 3.14 ｜ 1 時間降水量 50 ミリ以上の年間発生回数（気象庁「気候変動監視レポート 2018」の図を一部加工）

になりました。アメダスの降水量の解析により、1時間に50ミリ以上の非常に激しい雨の発生頻度も近年増加していることがわかってきました（図3・14）。

大雨の頻度は図3・13を見てもわかるように年々の変動がとても大きく、統計的には信頼性のある増加傾向であっても、気温と比べると本来は実感しにくいものです。ただ、大雨が増えていると実感している人が多いのではないでしょうか。これは、災害をもたらすような大雨が発生すると、人の記憶に残りやすいのと、SNSやネットニュースなどで情報をとりやすくなったことが影響していると考えられます。例えば、竜巻の検知はその最たるものでしょう。多くの人がカメラ付きのスマートフォンを持つことによって、竜巻が発見・記録されやすくなりました。さらに、その動画や写真がSNSで拡散されることで、多くの人の目に留まります。

地球温暖化により大きな影響を受けるのが、本書のメインテーマでもある雪です。雪の季節は地域によって異なります。もともと気温が低い北日本や本州の高い山では11月頃から、東日本や西日本の平野部では12月以降に雪の季節を迎えます。例えば、札幌の平年の初雪は10月28日、稚内が10月22日です（2019年時点）。ただし、2018年は北海道の初雪が記録的に遅く、札幌が11月20日、稚内11月14日と、いずれも気象台が観測を開始してから最も遅い初雪となりました。初雪の遅れの原因がすべて地球温暖化というわけではありませんが、地球温暖化が寄与した可能性は十分に考えられます。

過去の積雪の変化も気象庁によって調べられています。積雪は地域性が非常に大きいので、雪の多い日本海側を北日本、東日本、西日本に分けて見ていきましょう（図3・15）。この図の縦軸は1981年から2010年までの平年値との比率（パーセ

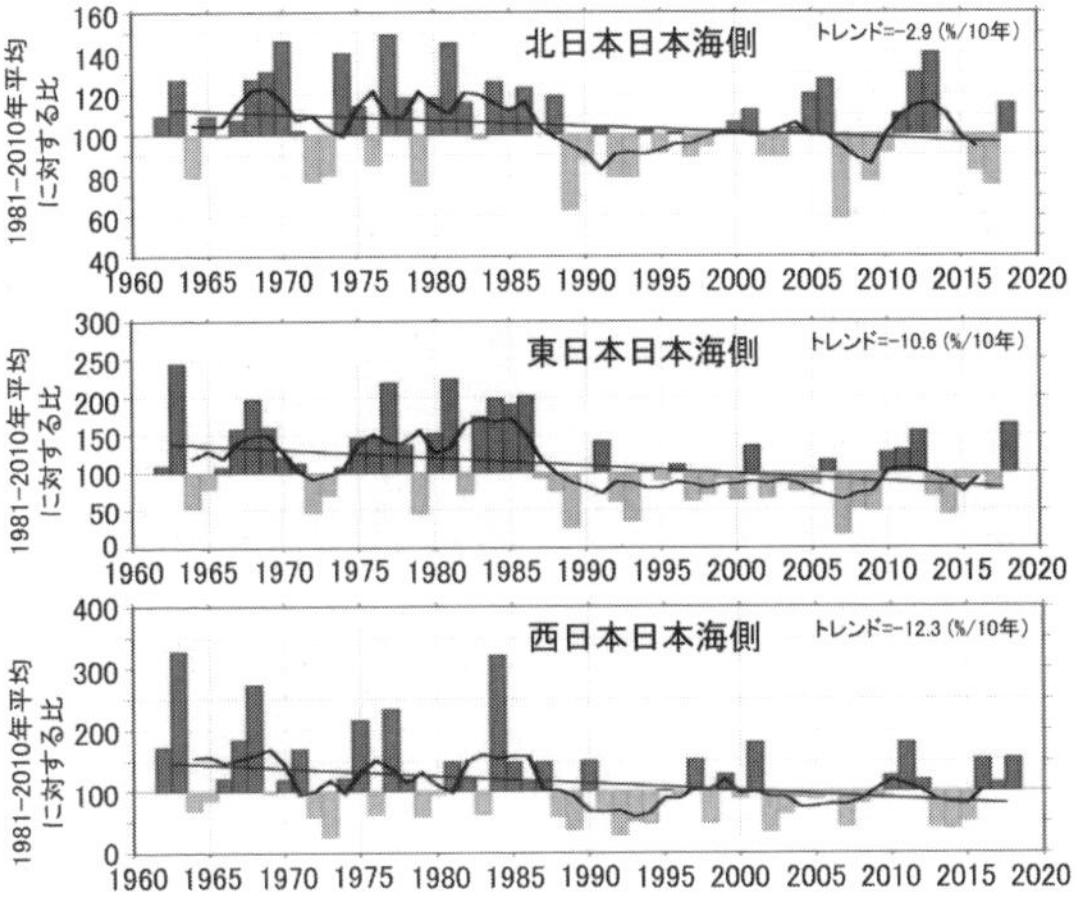

図 3.15｜過去の年最大積雪深の変化（北日本日本海側、東日本日本海側、西日本日本海側）。1981 ～ 2010 年平均に対する比で表示。（気象庁「気候変動監視レポート 2018」の図を一部加工）

ント）です。１００パーセントは平年並み、２００パーセントは平年値の２倍、50パーセントが平年値の半分です。積雪深は年々の変動が非常に大きいものの、どの地域でも積雪が減少していることがわかります。北日本の日本海側は１９８５年頃から積雪が減少し、平年値を下回る年が増えてきています。長期的には10年で約２・９パーセントの減少率です。ただし、２０００年以降は平年値より多い年もあり、それほど変化は見られません。

東日本の日本海側は、北日本よりも積雪の減少が顕著です。10年で10・6

パーセントの割合で減少しています。雪の多かった1980年前後は平年値の2倍から2・5倍の雪が積もる年もありました。しかし、1990年以降はそのような年は見当たらず、2006年の平成18年豪雪や2010年以降の寒冬の年も、せいぜい平年の1・2倍から1・5倍程度です。東日本と同様に、西日本の日本海側でも積雪の減少は顕著で、減少率は10年あたり12・3パーセントです。

このように積雪の変化は、気温が低い北日本の日本海側より、東日本や西日本の日本海側で顕著に表れてきています。このまま地球温暖化が進むと、日本の雪が将来、どのように変わっていくのか、4章で詳しく見ていきます。

過去の気候シミュレーションから温暖化の影響を切り分ける

過去の観測データの解析により、近年は気温が上昇し、大雨が増加、積雪が減少しつつあることがわかってきています。同時に、温室効果ガスの増加も観測されています。これらの状況証拠と、これまでの科学的知見（温室効果で気温が上がる、気温が上がると水蒸気が増えるなど）から、両者の変化を対応づけて、温室効果ガスが増加することで気温が上昇し、降水量が増加、積雪が減少したと導くことができそうです。

しかし、温室効果ガスが増加しなかったら、本当に気温や降水量が変化しなかったのかと聞かれると、観測事実からだけでは答えることができません。そこで再び、数値モデルの力を借りることにします。数値モデルは2・8節でも出てきましたね。ここでは明日や明後日の天気予報ではなく、100年前から現在まで、あるいは現在から100年後までの気候を計算します。気候計算に特化した数値モデルを気候モデルと呼びます。気候モデルの中には、大気の流れを計算するだけでなく、海の流れを計算し、大気・海洋の両方の変化を計算できるモデルもあります（大気海洋結合モデル）。これによって、大気と海洋が両方関連するエルニーニョやラニーニャ現象（152ページ）を再現することが可能になります。また、植物や土壌、海氷、炭素循環、成層圏のオゾンなど、現在はさまざまな地球上の現象が、気候モデルの中で計算されています。このようなモデルを特に、地球システムモデルと呼んでいます。

さて、日々の天気予報を行なうためには、基本的に現在の状態（例えば、いまの気温や風の分布など）を正確に把握することが重要です。これを初期条件といいます。一方、気候モデルを使って、過去の気候の再現や将来の気候変動予測を行なう際には、初期の状態よりも、過去から現在、将来に至るまでの温室効果ガスの濃度や土地利用の変化、工場からの排煙の変化、さらには太陽活動や、大規模な火山がいつ噴火したかなどの情報が重要となります。初期条件に対してこれらを、境界条件と呼びます。

ここで火山の噴火といいましたが、なぜその情報が必要なのでしょうか？　ここで大事なのは、大規模な噴火によって出る噴煙です。あえて「大規模な」と書いたことには意味があります。通常の噴火で出る噴煙であれば気候には影響をほとんど与えません。気候に影響を与えるのは、噴煙が高度10〜15キロメートル以上の成層圏にまで届くような噴火です。例えば、１９９１年のピナツボ山（フィリピン）、１９８２年のエルチチョン山（メキシコ）、１９６３年のアグン山（インドネシア）の大噴火です。火山灰が成層圏に達すると、質量の小さい火山灰はなかなか地上に落下せず、数年間成層圏を漂います。雨が降らない成層圏では雨による火山灰の除去もありません。その結果、数年にわたり太陽からの光を弱め、地上では気温が下がります。この

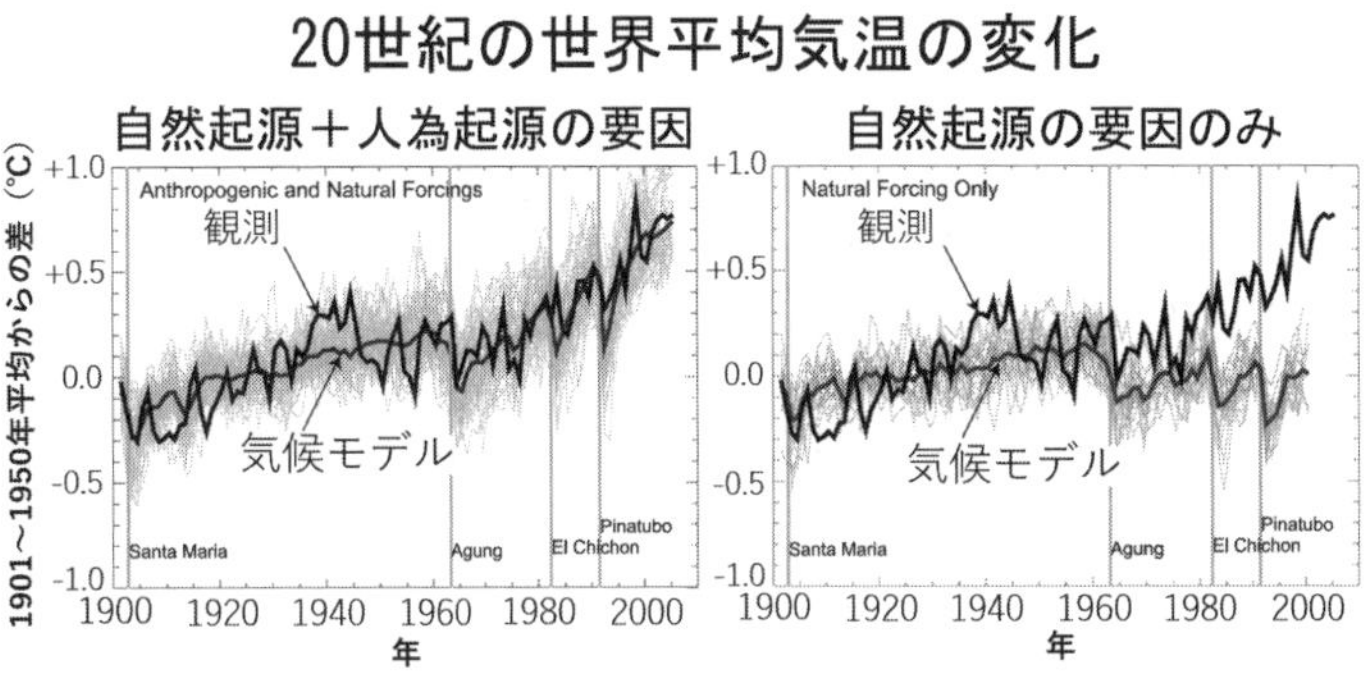

図 3.16｜過去再現実験と自然強制実験。細い線は気候モデルのばらつき（IPCC 第 4 次報告書の図を一部加工）

気温低下の影響は大きく、過去の観測データにも表れるほどです。図3・9（169ページ）で1992年から1993年の気温が低いのは、ピナツボ火山の噴火の影響だといわれています。

過去の気候を再現するために与える境界条件は、大きく2つに分けられます。一つ目は、太陽活動や火山噴火などの人が関係しないもの（自然的要因）。二つ目は、温室効果ガスの増加や工場からの排煙のような、人が関係するもの（人為的要因）です。自然的要因と人為的要因を気候モデルに教えてやる（境界条件に用いる）ことで、過去の気候の再現が可能になるのです（図3・16）。気候モデルは世界各地で開発されており、図3・16ではそれらを一本一本の線として描いています。これらを平均したのが太線です。ばらつきは大きいものの、気候モデルは観測された過去の気温変化をよく再現していることがわかります。

気候モデルを用いたシミュレーションのいいところは、「仮に○○だったら」という実験ができることです。つまり、「仮に人為起源の温室効果ガスの増加がなかったら、現在どのような気候になっていたのか」を、シミュレーションで導き出すことが可能なのです。先ほどは、自然的要因と人為的要因を両方気候モデルに与えましたが、自然的要因だけを与えて計算すれば、人類が地球温暖化に及ぼした影響を切り分けることができます。このような実験は自然強制実験（もしくは非温暖化実験）と呼ばれます。人為的要因がない場合、１９６０年以降に観測された気温上昇は再現されません（図３・16）。逆に複数の火山噴火の影響で、20世紀末には気温が低下しています。これらの実験結果からも、近年の気温上昇は人間活動による影響が大きいと言えます。

イベント・アトリビューション——この異常気象は温暖化のせいですか？

２０１８年の夏は異常が多発しました。７月には西日本や東海地方で記録的な豪雨となり、11府県で大雨特別警報が発表されました。本来、大雨特別警報は数十年に一度程度の大雨が降るときに出される情報です。これだけの府県に同時に発表される状況は、かなり異常なことでした。一方、豪雨のあとは一転して猛暑に見舞われ、埼玉県熊谷市で41・1度を観測。当時の日本の最高気温の記録を塗り替えました。

このような異常気象に、地球温暖化はどれくらい影響を与えていたのでしょうか。実際に起こった異常気象に対する地球温暖化の寄与を示すことは、地球温暖化の研究に取り組む研究者たちにとって大きな課題でした。２０１０年頃、その答えを導き出す一つの手法が開発されます。これをイベント・アトリビューション、日本では「異常気象の要因分析」と呼んでいます。

この手法の鍵となるのが前項で紹介した非温暖化実験です。地球温暖化が進んだ現在の地球と、地球温暖化がなかったと仮定した地球を再現し、たくさんのシミュレー

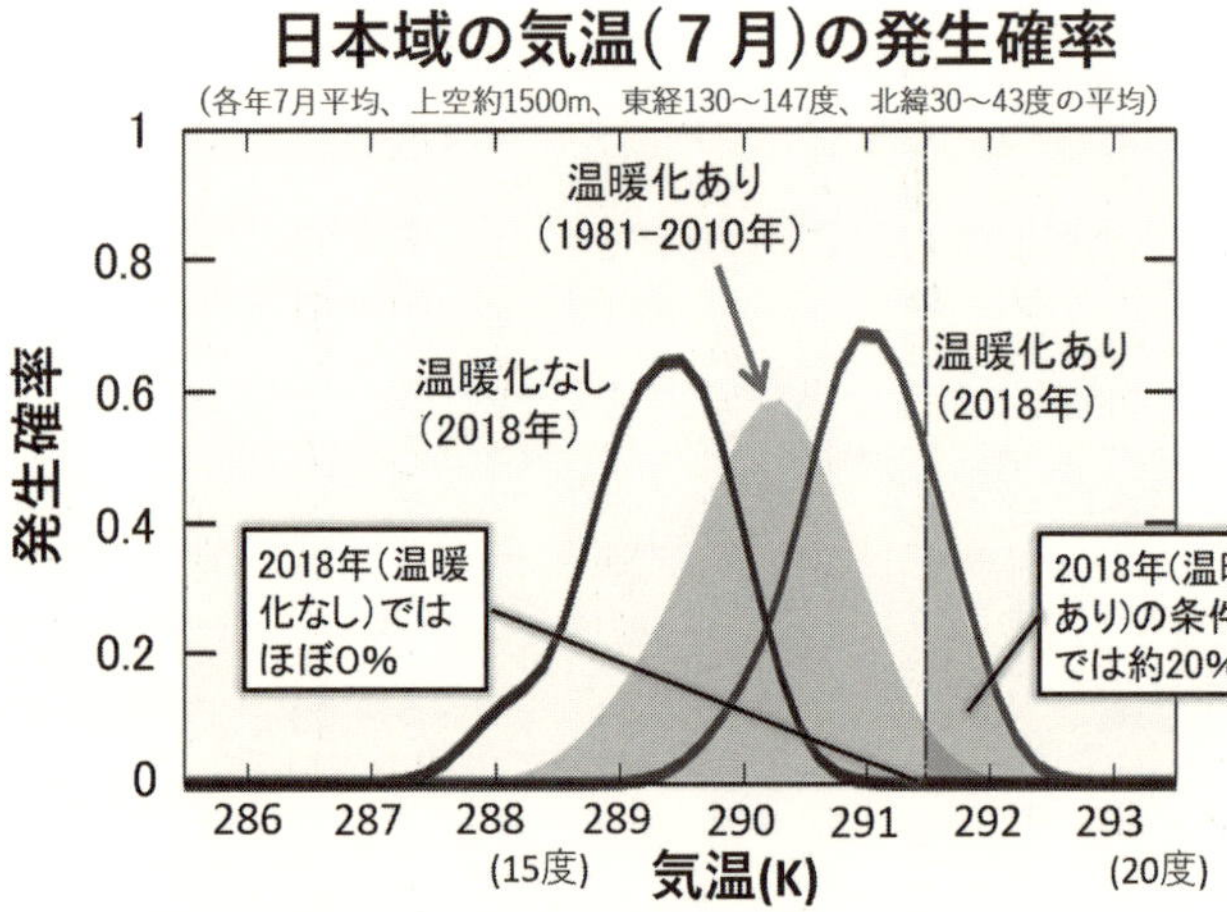

図 3.17 | 日本域の対流圏下部の気温の発生確率（Imada *et al.*（2019）をもとにデータを追加して作成）

ションを行ないます。その結果をもとに、２０１８年７月に起こったような豪雨や猛暑の頻度に、地球温暖化がどの程度寄与していたのかを評価します。このシミュレーションのポイントは、地球温暖化がなくても発生する自然変動（例えばエルニーニョ現象など）が引き起こしうる異常気象を考慮したうえで、地球温暖化の寄与を評価できることです。同じようなエルニーニョ現象が起こったとしても、もし地球温暖化の寄与がなければ、ここまでの異常にならなかったなどといえるわけです。気象庁気象研究所の分析によると、２０１８年７

月の猛暑は、平年では50年に1度程度しか起きない（発生確率2パーセント程度の）異常気象でしたが、2018年は海面水温の分布などの要因により、平年よりも猛暑が起きやすい状態（発生確率20パーセント程度）でした。ただ、もし温暖化がなかった場合は、たとえ2018年と似たような状況が揃ったとしても、観測されたような猛暑になることはほぼありえなかった（発生確率ほぼ0パーセント）ことがわかりました。（Imada *et al.* 2019）。この取り組みは、世界中の異常気象に対して行なわれており、今後もしばらく継続していくでしょう。

温暖化はどこまで予測できるのか？

184ページでは過去の気候を再現する話をしました。過去を対象とする場合は、温室効果ガスの濃度や土地利用の変化などのデータが一通り揃っているので、気候モデルに入力することができます。では、将来はどうでしょうか？　将来はもちろんそのようなデータはありません。将来の値は、いくつか想定される温室効果ガスの濃度を気候モデルに入力することになります。この想定を「排出シナリオ」と呼び、地球温暖化に伴う気候変動予測の肝となります。

ＩＰＣＣの第3次評価報告書（２００1年）と第4次評価報告書（２００7年）では、Special Report on Emissions Scenarios（ＳＲＥＳ）、第5次評価報告書（２０１3年）では、Representative Concentration Pathways（ＲＣＰ）が排出シナリオとして用いられました。ＳＲＥＳは、世界の将来像を2つの軸を用いて表しています。一つの軸は、経済発展を重視した世界か経済発展と環境との調和を図る世界か、もう一つの軸は国際化が進む社会か各地域の独自性が高まる多次元的社会かというグローバル化の視点です。最も温暖化が進行するシナリオは、高い経済成長と地域の独自性を仮定したシナリオ（Ａ2シナリオ）でした（詳しくは日本気象学会の機関紙『天気』２０００年10月号を参照）。

一方、ＲＣＰは温室効果ガスの排出量などの違いによって、ＲＣＰ2・6、ＲＣＰ4・5、ＲＣＰ6・0、ＲＣＰ8・5の4つのシナリオがあります。数字は放射強制力の値を表しています。放射強制力はかなり難しい概念なので、ここでは詳細は割愛します。詳しく知りたい方は前出の『天気』２００９年12月号をご参照ください。ここでは、ＲＣＰ２・６が地球温暖化の緩和策を講じ、温室効果ガスの排出を大きく減らしたシナリオ、ＲＣＰ８・５が特段の緩和策を講じず、現在と同程度の排出を続けたシナリオ、ＲＣＰ４・５とＲＣＰ６・０がその中間と考えれば大丈夫です。ＩＰＣＣ第５次報告書では、ＲＣＰ８・５シナリオの場合、21世紀末の世界の平均地上気温は、20世紀末と比べて最大４・８度程度上昇すると指摘しています。ＩＰＣＣ第５次報告書は気象庁によって日本語で要約されています。ＲＣＰの説明も載っていますので、興味のある方はウェブサイト（data.jma.go.jp/cpdinfo/ipcc/ar5/（２０１９年閲覧））をご覧ください。

日本の将来の詳細な気候変動予測を知りたい

気候変動予測を行なう気候モデルは、地球全体の大気や海の流れを計算する気候モ

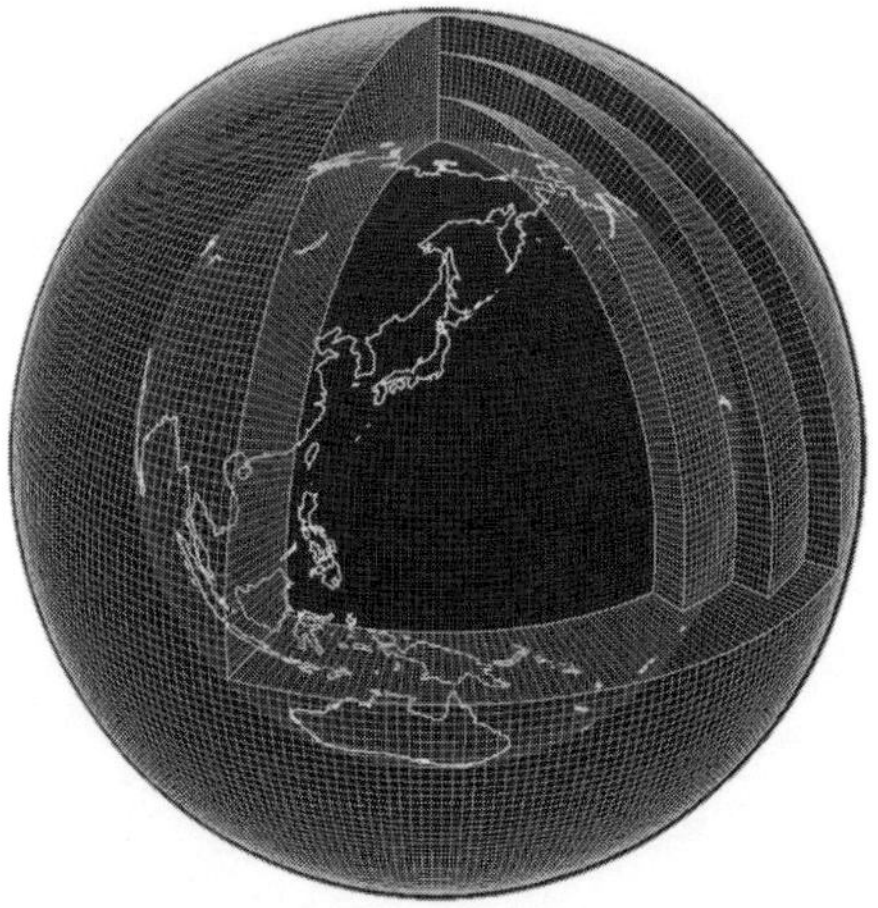

図 3.18 | 全球気候モデル。各格子で物理法則を解いている。

デルです。これを全球気候モデルと呼んでいます（図3・18）。地球全体をカバーするために、水平分解能（格子間隔）が粗く、100キロメートルから400キロメートルのものが主流です（IPCC第5次報告書時点）。そのため気候モデルによっては、日本の脊梁山脈が表現されず、脊梁山脈を境に大きく変わる冬の太平洋側と日本海側の気候を再現することはできません。また、かろうじて脊梁山脈を表現できる気候モデルであっても、100キロメートルから数十キロメートル程度で平均した地形となるため、現実よりもかなり標高の低い山になり、山の降雪や積雪の再現を行なう場合は大きな誤差が生じます。

そこで、地球全体を対象とした気候変動予測の結果をもとに、日本付近だけを数キ

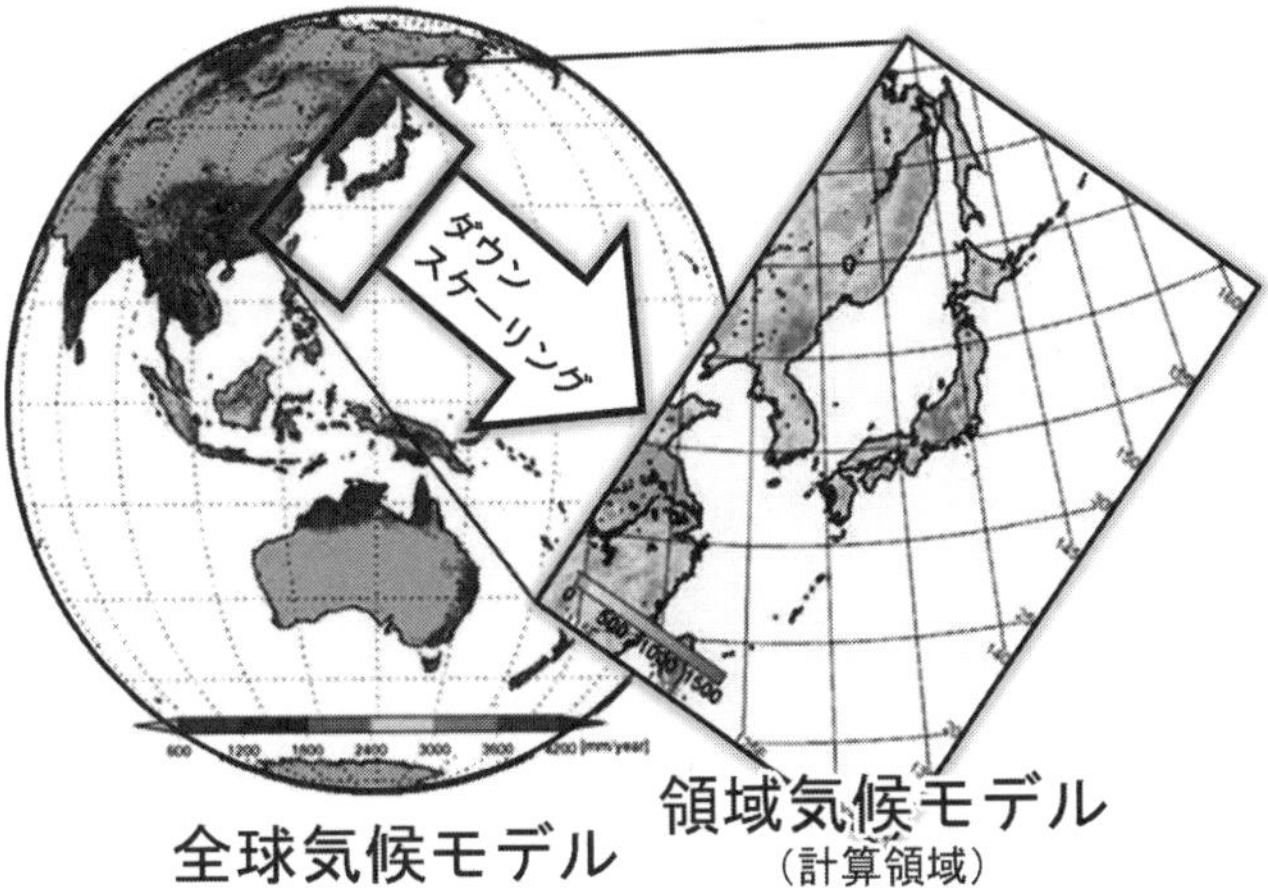

図3.19｜力学的ダウンスケーリングの概要。文部科学省開発局（2014）の図を加筆修正

ロメートルの高解像度で計算する取り組み（ダウンスケーリング）が行なわれています。ダウンスケーリングには、統計的な手法を使って行なう統計的ダウンスケーリングと、新たな気候モデル（領域を限定して計算するので領域気候モデルと呼ぶ）を用いて行なう力学的ダウンスケーリング（図3・19）があります。

気象庁では、気象研究所で開発した領域気候モデル「地域気候モデル」を用いた力学的ダウンスケーリングを行ない、5キロメートル格子で日本の将来予測を実施しました。この結果は、地球温暖化予測情報として気象庁から定期的に公開されています（https://www.data.jma.go.jp/cpdinfo/GWP/index.html)。検索サイトで「地球温暖化予測情報」と検索すると出てきます。２０１９年現在の最新版は地球温暖化予測情報第9巻です。第9巻にはＲＣＰ８・５（特段の緩和策を講じず、現在と同程度に温室効果ガスの排出を続けたシナリオ）における21世紀末の日本各地域の気温、降水量、降雪量・積雪量などの予測が記載されています。また、大雨の変化や真夏日（最高気温30度以上）や猛暑日（最高気温35度以上）、熱帯夜（最低気温25度以上）の日数の将来変化なども記載されているので、興味のある方はウェブサイトをご覧ください。

次の4章では、地球温暖化予測情報第9巻の情報も踏まえて、地球温暖化によって変わっていく将来の日本の雪を見ていきましょう。

関東

関東の雪予報は闘い

今村涼子さん（テレビ朝日「スーパーＪチャンネル」）

毎年1月、お正月気分が抜けてきた頃、予報モデルで南海上を東に進む降水域を発見すると、今年も奴が来る……と、覚悟が必要になる。奴とは、関東に雪を降らせる「南岸低気圧」。

南岸低気圧による雪の予想が難しいのは、まず、寒気や降水域、風向など、雪になる条件を満たすかどうかの境目が、影響が大きい東京など南部の都市部付近にちょうど当たることが多く、予報モデルが更新されるたびにその位置が微妙に変わること。さらに、伏兵として、南岸低気圧が近づく前に沿岸部に形成される局地前線（天気図では表現されない風や気温が急変するところ）や、内陸部に形成される滞留寒気があり、これらが関わると降雪時間が長引き、想定外の大雪を引き起こします。また、雪は気温1度を切ると積雪となるが、1・5度だとほぼ

積もらない。この0・5度ほどの差は、通常なら予報誤差と言っていいくらいのものだが、関東での降雪時には、大きな結果の違いを招き、予報は大外れとなります。

10年以上前と比べると、数値予報の精度も向上し、予想もしやすくなってきてはいるが、関東の雪の予想にはまだ十分とは言えない。ただ、私の信条として、雪がもう明日に迫っている状況で、「予想に幅があるので……」と、なるべく濁したくはないので、自分なりの経験則の蓄積などから絞れることを見つけて、伝えるよう心掛けている。また、視聴者が受け取る情報の印象をいつも以上に考え、伝え方もより慎重にしています。通常の予報よりも何倍も頭を悩ます関東の雪は、毎年闘いだ。

東海

東海地方の雪——鍵は風向きと低気圧のコース

山田修作さん（メ～テレ「ドデスカ！」「アップ！」）

大雪というと、北国や日本海側で降るイメージがありますが、太平洋側の東海地方平野部でも、ひと冬に一度は雪が積もります。数センチメートル、ときには10センチメートルを超えることもあります。東海地方の大雪は、大きく分けて2つのパターンがあります。「冬型」と「南岸低気圧」です。

「冬型」とは、西高東低の気圧配置です。大陸から吹いてくる季節風が、日本海から水蒸気の補給を受けて積乱雲が発生し、日本海側で雪を降らせます。等圧線が日本にかかる本数が多く、冬型が強まった場合、雪雲は強い季節風に乗って、若狭湾から関ヶ原を抜け、東海地方平野部にも大雪をもたらします。しかし、雪の降る範囲は狭く、季節風の微妙な〝風向きの違い〟によって、降る場所が変わってきます。北風だと三重北部、北西風だと岐阜西濃から愛知西部、西風だと岐阜

山間部が、おおむね大雪になります。

「南岸低気圧」とは、日本の南岸を通過する低気圧です。冬型が長続きしなくなる2月から3月頃に、太平洋側に大雪をもたらします。このパターンは、低気圧が〝通る位置〟によって天気が大きく変わってきます。陸地よりやや南側を通ると、低気圧に伴う雨雲がかかるうえ、上空には寒気が流れ込むため、雪が降ります。しかし、陸地に近い所を通ると雨になり、逆に離れた所を通ると、何も降りません。

どちらのパターンにしても、降る場所や降るモノの予報が大変難しく、気象予報士にとって、東海地方は、雪の予報に頭を悩まされる地域なのです。

近畿

近畿地方の雪の降り方

南利幸さん（「ＮＨＫニュースおはよう日本」）

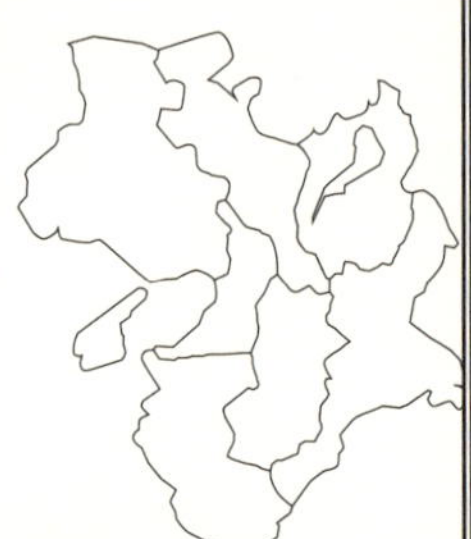

近畿地方の雪の降り方は、上空の寒気や地上の冷え込みがあったうえで、３つのタイプに分けることができます。冬の天気予報は雪の降り方がどのタイプに属するのかを見極めることが大事です。

１．日本海寒帯気団収束帯（ＪＰＣＺ）の南下

近畿地方の北部や中部に大雪をもたらすことがあります。北部では１日に50センチメートル以上の雪が降ることもあります。

２．南岸低気圧

東シナ海や四国沖で発生した低気圧が潮岬沖の北緯31～33度を東進したときに、近畿地方の中部や南部に積雪をもたらします。関東のような大雪になることはありませんが、雪に慣れていない大阪などに大きな影響を与えることがあります。

3. 雪雲の流れ込み

海上（日本海と瀬戸内海）で発生した雪雲が、風に流されて近畿地方に流れ込んできます。風向きによって雪の降る地域が異なります。

西風の場合は、日本海で発生した雪雲が京都府の丹後半島や滋賀県の長浜市余呉町などに雪をもたらします。また、瀬戸内海で発生した雪雲が大阪府南部や和歌山県北部に雪をもたらします。

北西風の場合、日本海側は広い範囲で雪となり、滋賀県内も北部を中心に雪が降ります。東海道新幹線や名神高速道路に影響が出るのはこのタイプです。また、兵庫県北部などに雪を降らせた後、大阪湾や播磨灘でもう一度水蒸気を吸って雪雲が発生し、大阪南部や和歌山県北部などに雪を降らせるときもあります。

北風の場合、大津市や京都市内、大阪府の北部に雪を降らせます。近畿北部の山は標高1000メートル前後の低い山が多いため、日本海で発生した雪雲は山を乗り越えて、京都の市街地や大阪付近にも流れ込んでくることがあるのです。

さまざまなパターンにより近畿地方では雪が降り、雪が降るイメージがあまりない太平洋側の地域でも雪が積もることがあります。積雪計が設置されていない地域も多いため、天気予報のなかでは気象レーダや地上の気温（最近は推計気象）を参考にしながら、雪による被害が出ないように慎重に雪の状況をお伝えしています。

上｜滋賀県彦根市付近の積雪（2008 年 2 月）
下｜我が家のベランダに積もった雪（2005 年 12 月）

4

地球温暖化と雪の未来

ここまで読まれた方は、雪についての知識と異常気象、地球温暖化の知識を兼ね備えていることでしょう。それではいよいよ、地球温暖化に伴う雪の変化のお話です。まず、将来予測される降雪・積雪の変化を紹介します。そのあと、実際に地球温暖化が進んだ21世紀末、どのような冬の天気になるのかを想像してみましょう。最後に、そんな未来にしないために取り組むべき緩和策と適応策のお話をします。

4.1 将来、雪は増えるのか？ 減るのか？

まずはシンプルに、地球温暖化が進むと雪は増えるのか減るのかの問題です。気温が上昇するのだから、雪は減少するのが当たり前ではないかと思うかもしれません。たしかに、過去の観測データを見ても、全国的に年積算降雪量は減少してきています（3・1節）。雪はこのまま単純に減っていくものなのでしょうか？

先に答えを言ってしまうと、どの地域の雪をどの側面から見るかによって、減る、増える、変わらないの、いずれのパターンもありえます。何が減って、何が増えて、何が変わらないのかを一つずつ見ていきましょう。ここでは特に断りのない限り、現在の気候は20世紀末、将来の気候は、ＲＣＰ８・５シナリオ（特段の緩和策を講じず、現在と同程度に温室効果ガスの排出を続けたシナリオ）の21世紀末とします。20世紀末よりも日本の気温が年平均で４度から４・５度程度、冬季に限定すると５度程度上昇した世界です。

ひと冬に降る雪は減る

ほぼ確実に減ると予測されているのが、ひと冬に降る雪の総量（総降雪量）と年最深積雪です（図４・１）。総降雪量の図は示していませんが、年最深積雪とほとんど同じ変化を示しています。この2つは、北日本から東日本、西日本のほぼ全域で大きく減少します。一つ例外なのが、北海道の中央部にある大雪山系《たいせつざん》です。ここだけ、総降

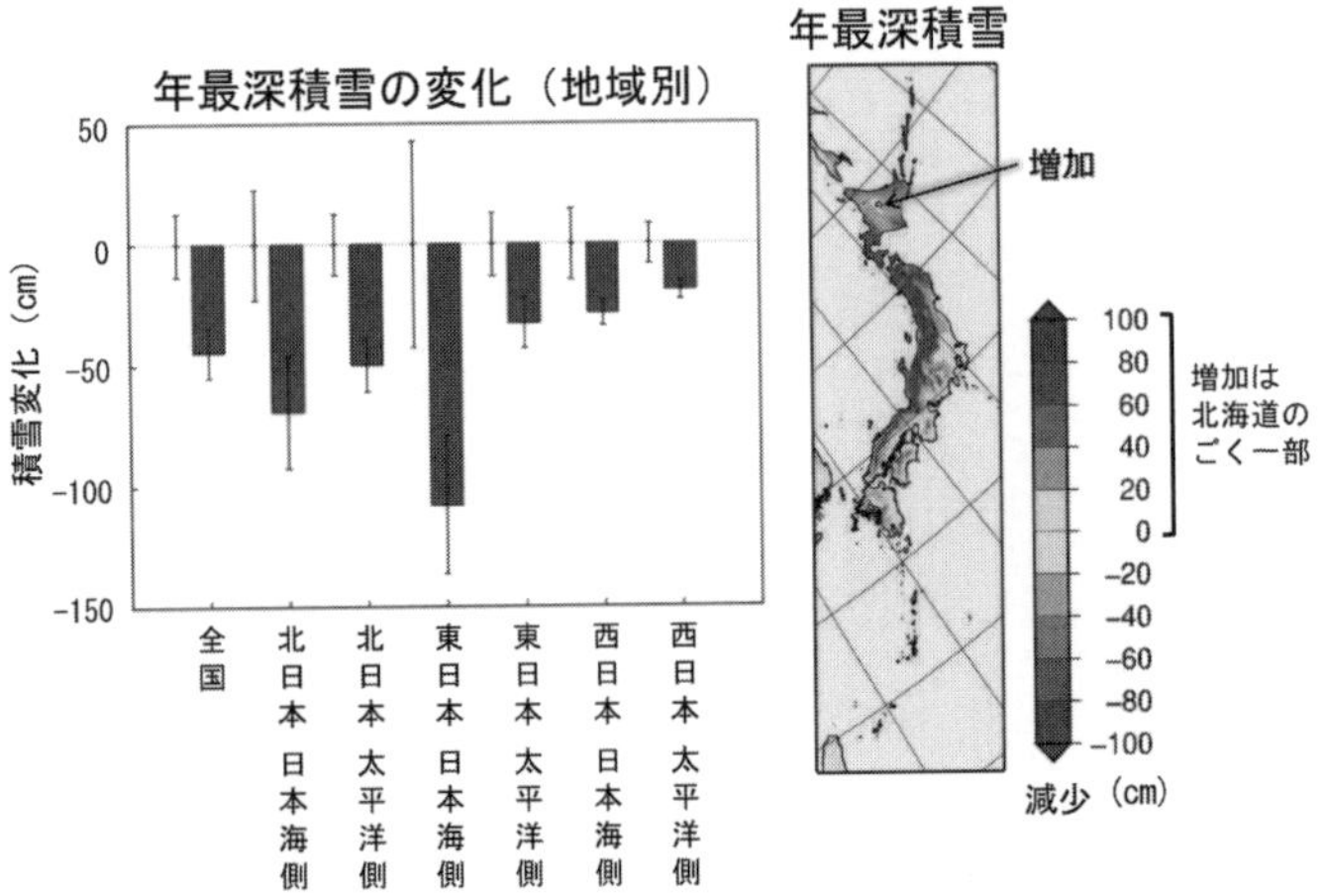

図 4.1 ｜年最深積雪の将来予測。正の値（増加する場所）は北海道のごく一部。細い縦線は年々変動の幅（気象庁「地球温暖化予測情報第９巻」を加筆修正）

雪量と年最深積雪が増加する予測となっています。その理由は後ほど紹介します。

総降雪量は、雪が降り始める季節から降り終わる季節までの降雪量の総量です。つまり、地球温暖化によって5度近く気温が上がると、雪の降り始めが遅く、降り終わりが早くなり、雪が降る期間が短くなります。その結果、総降雪量は全国的に減ると考えられます。ちなみに、5度の気温上昇によって季節が約1か月ずれます。秋から冬にかけて今より1か月遅くなり、冬から春にかけては1か月早くなります。仮に降雪の期間が2か月短くなれば、総降雪量も大幅に減ることは容易に想像できます。また、積雪が多い地域では、年最深積雪は降雪量の積算となるため、総降雪量の減少はそのまま年最深積雪の減少につながります。一方、降雪頻度が低い地域（例えば太平洋側など）では、一度の大雪でその年の最深積雪となる場合がほとんどです。将来、地球温暖化が進み、東日本の日本海側の沿岸部でも降雪頻度が減ってくると、一度の大雪が年最深積雪になってしまうかもしれません。

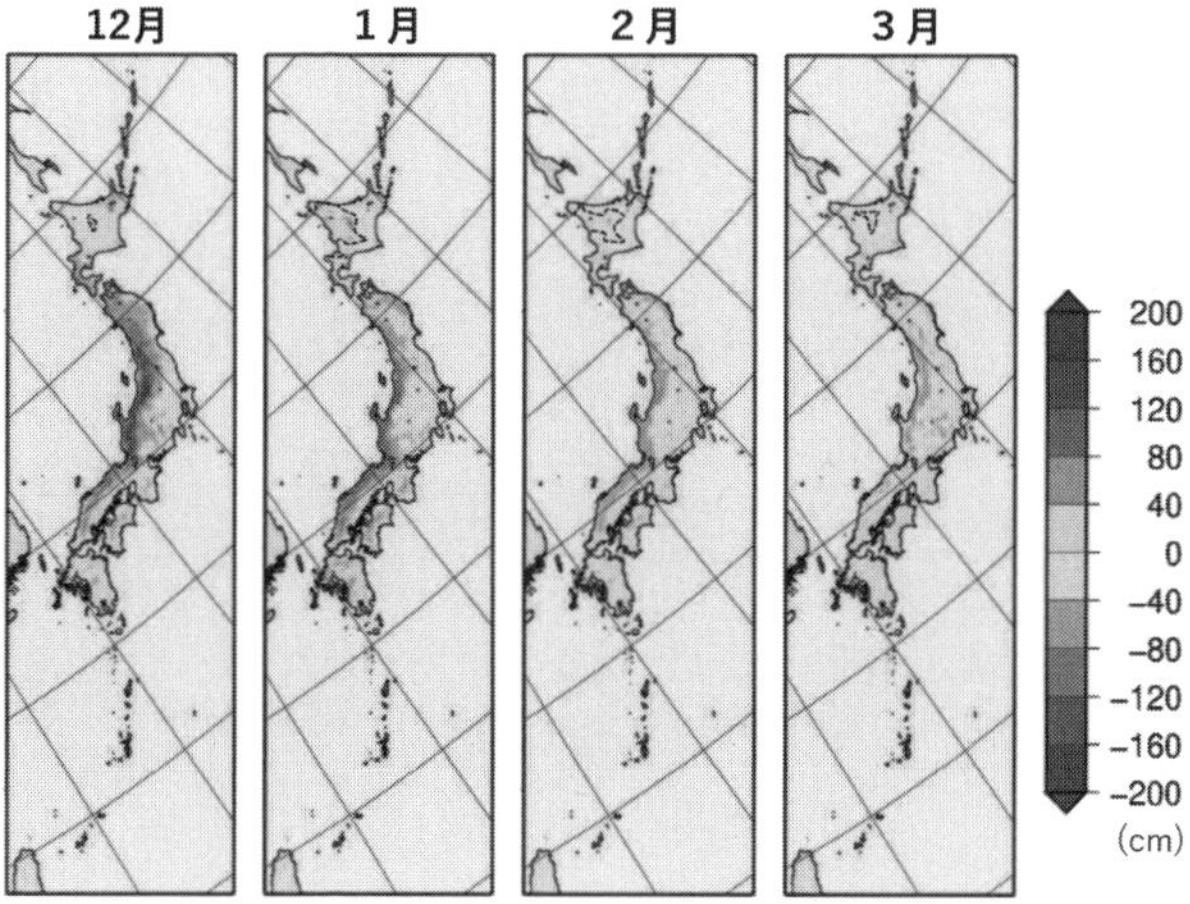

図 4.2 ｜月降雪量の将来予測（気象庁「地球温暖化予測情報第９巻」の図に加筆）。点線の内側が正、増加する地域。カラーの図を口絵 11 に掲載。

真冬は北海道で降雪量が増加する

総降雪量ではなく、月別の降雪量で見ると、様子が変わってきます（図４・２、口絵11）。全国的には減少傾向ですが、北海道では厳冬期（1月や2月頃）において月積算降雪量が増加する予測となっています。また、北日本や東日本の山沿いでも変化が小さく、現在とほぼ同様の降雪量が予測されています。一方、東日本の沿岸部や西日本では、厳冬期でも降雪量は大きく減少します。

降雪量の季節変化は地域によって大きく異なる

つづいて、降雪量の季節変化がどのように変わるかを地域別に見てみましょう。北日本の日本海側では、冬季を通じて降雪量は減少するものの、減少量はそこまで多くありません（図4・3）。特に、1月から2月の厳冬期においては、現在と21世紀末とでほとんど差がありません。つまり、北日本では厳冬期は、地球温暖化が進んだ21世紀末であっても、20世紀末と同じくらいの雪が降るということです。年々のばらつきを考慮すると、現在よりも多くの雪が降る年もあるかもしれません。

地球温暖化により、降雪量のピークの時期がずれることも予測されます。現在北日

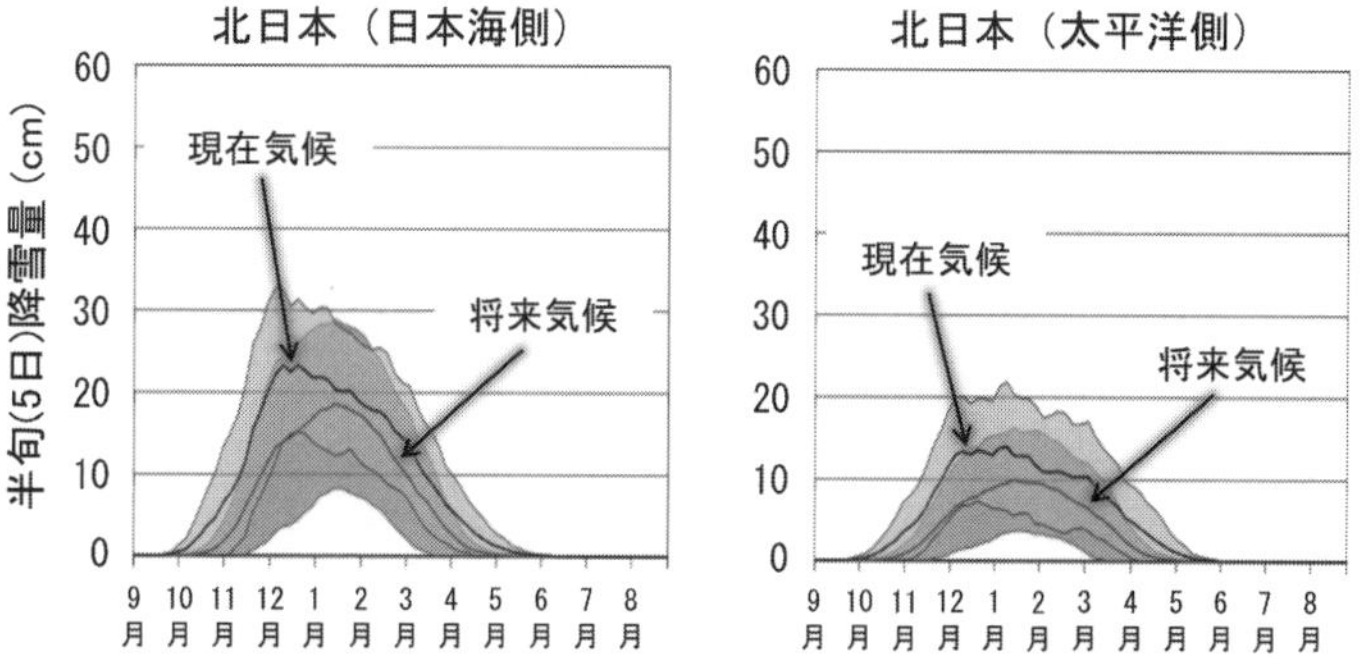

図 4.3 ｜北日本の降雪量の季節変化。陰影は年々変動のばらつき（標準偏差）を示す（気象庁「地球温暖化予測情報第９巻」の図を加筆修正）

本では、12月から1月頃に降雪量のピーク時期があり、その後、緩やかに減少していきます（図４・３）。それが21世紀末になると、降雪量のピークは1月中旬になり、その後、急激に減少していきます。つまり、現在と比べると将来は、降雪量の多い時期が限定されます（ただ、その時期にはいまと同じくらい降ります）。

東日本の日本海側は、北日本と比べると降雪の減少量が大きくなります（図４・４）。北日本とは異なり、いずれの時期も大きく減少していて、現在と比べると3分の2から半分程度になる予測です。年々のばらつきを考えても、将来は現在よりも大幅に降雪量が減少するでしょう。現在、降雪量の多い時期は12月初めから1月末まで持続し

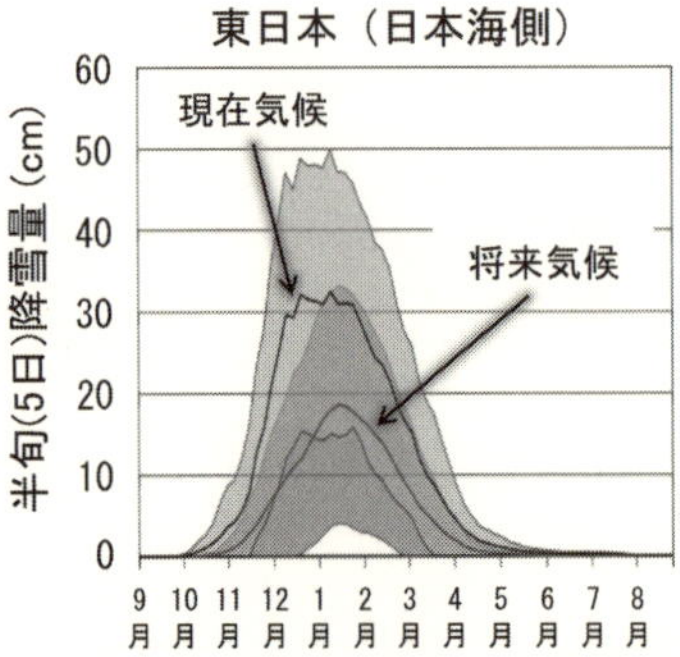

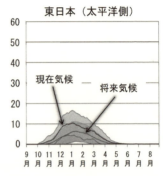

図 4.4 ｜東日本の降雪量の季節変化。陰影は年々変動のばらつき（標準偏差）を示す（気象庁「地球温暖化予測情報第９巻」の図に加筆修正）

ていますが、21世紀末には1月以降に降雪量が増加し、ピークを迎えたあと、すぐに減少に転じ、降雪量が多い時期はかなり限定的になる予想です。

もともと雪が少ない西日本では、北日本や東日本に比べると、降雪量の減少はさらに加速します（図４・５）。厳冬期でも数センチしか降らず、平野部ではまったく雪が降らないような年も出てきそうです。

関東や東北の太平洋側に住む人にとっては、南岸低気圧による降雪が将来どうなるのか気になるところです。東日本の太平洋側も降雪量は温暖化に伴い減少しますが（図４・４）、1月から2月初めにかけては、現在の気候並

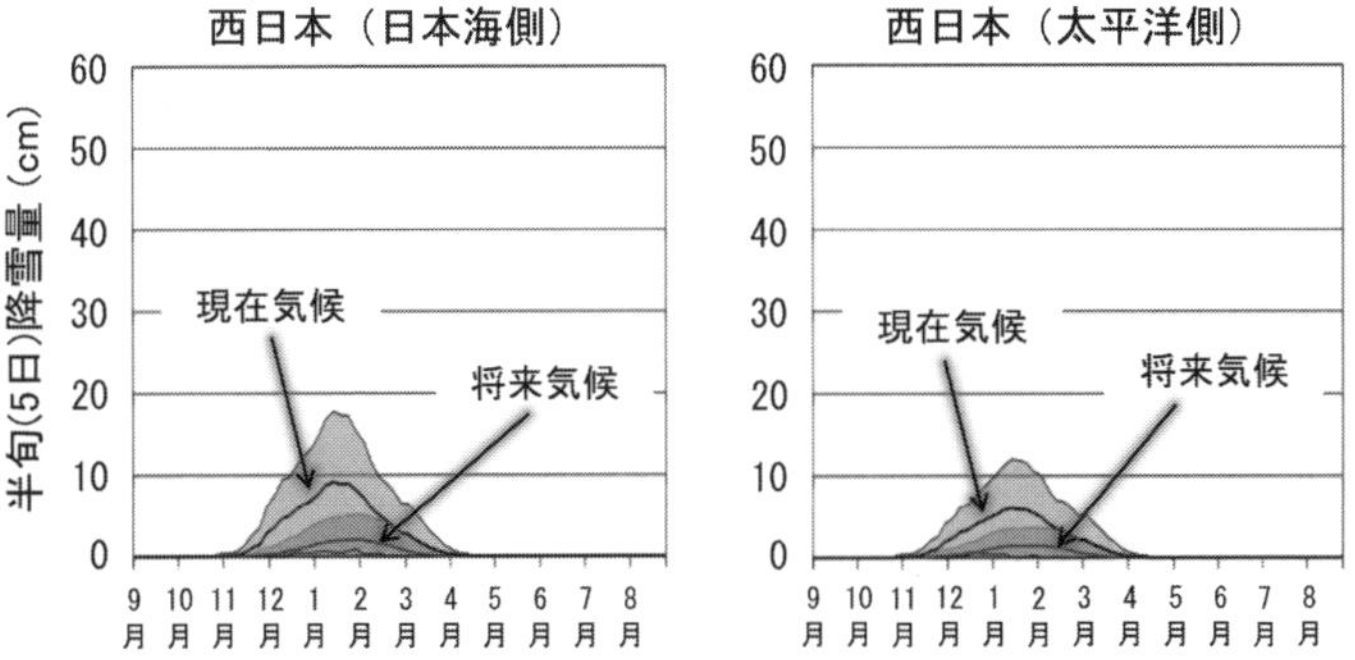

図 4.5 ｜ 西日本の降雪量の季節変化。陰影は年々変動のばらつき（標準偏差）を示す（気象庁「地球温暖化予測情報第９巻」の図に加筆修正）

みの降雪もありうることを示しています。つまり、南岸低気圧による降雪は21世紀末にも十分起こりうるということです。なお、地球温暖化が進むと冬型の気圧配置が弱まる傾向があり、南岸低気圧による降水は増える予想です。ただ、これは内陸部を含めた東日本の太平洋側の話です。東京や横浜などの沿岸部では、気温が4度から5度上昇すると、雪が降ることはほとんどなくなるでしょう。

北陸と北海道のドカ雪は増える？

災害を引き起こす大雪には2種類あります。一つは38豪雪、56豪雪、平成18年豪雪のように、冬季を通した広範囲での大雪です。このような全国的な豪雪は20〜30年に一度の稀な現象です。大雪特別警報は38豪雪や56豪雪を意識して設定されました。

一方、毎年のように雪害が発生するのは、短期間（一晩や一日）に一気に降る大雪、いわゆるドカ雪です。ドカ雪は急速に積雪を増やすため、もともと雪が少ない地域はもちろん、雪に慣れた豪雪地帯の人々にとっても警戒すべき現象です。ドカ雪は暖冬の年にも発生し、原因は地域によってさまざまです。例えば北日本では、急速に発達した温帯低気圧（爆弾低気圧）の通過、東北の太平洋側や関東では南岸低気圧、北陸や山陰の日本海側では日本海寒帯気団収束帯（ＪＰＣＺ）（35ページ）などが原因で発生します。北陸地方の山沿いでは、強い冬型の気圧配置でもドカ雪となることがあります。いわゆる山雪型（34ページ）の降雪が顕著なときです。ここからはドカ雪が地球温暖化に伴ってどのように変化していくのかを見ていきましょう。

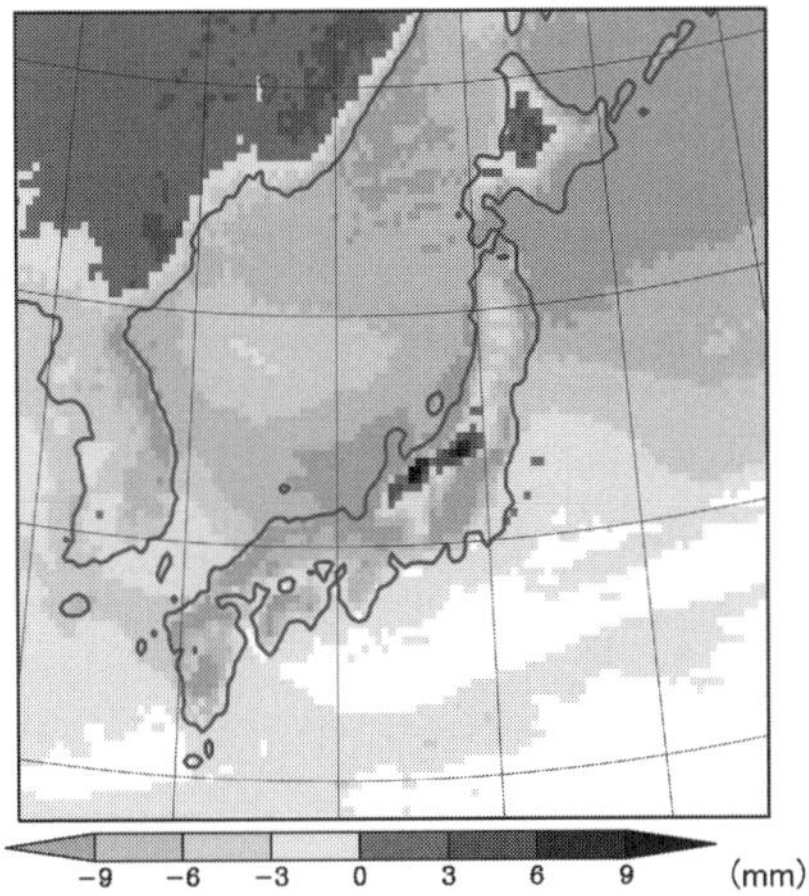

図 4.6｜10 年に 1 度の日降雪量の将来変化

およそ10年に1度程度の頻度で発生する大雪の将来変化を描いたのが図4・6です。ひと冬に降る雪の量の変化の図（図4・1）と比べてみてください。違いがわかると思います。ひと冬の雪の総量はほぼ全国的に減少しますが、稀に降るドカ雪の量は、北海道や北陸地方の山沿いで増加していきます。北海道では、厳冬期の降雪量が現在と同程度かやや増加する予測となっているので、ドカ雪が増えてもさほど不思議ではありません。それに対し北陸地方は、厳冬期の降雪量は大きく減るにもかかわらず、ドカ雪が増える予測となっています。なぜ、温暖化するとドカ雪が増えるのか。その謎を紐解いていきましょう。

なぜドカ雪が増えるのか？

地球温暖化が進み、気温が上がって雪が雨に変われば、当然、降雪量は減少します。気温が上がれば、いったん積もった雪が解けやすくなることも容易に想像できます。ただ、地球温暖化と降雪の関係を考えるうえでは、次の3つのことを考える必要があります。一つ目は、たとえ気温が上がったとしても、0度を超えなければ結局、雪として降ること。二つ目は、気温が高いほど、大気中に含むことができる水蒸気量が増えること（27ページ）で紹介したクラウジウス－クラペイロンの関係式）。三つ目は、温暖化が進行すると日本海の水温も上昇し、寒気の吹き出し時に現在よりもたくさんの水蒸気が日本海から大気に供給されることです。この三つが絡むとどうなるのか、北陸地方を例にとって説明します。

北陸地方で大雪が降るのは、冬型の気圧配置が強まったときや、日本海寒帯気団

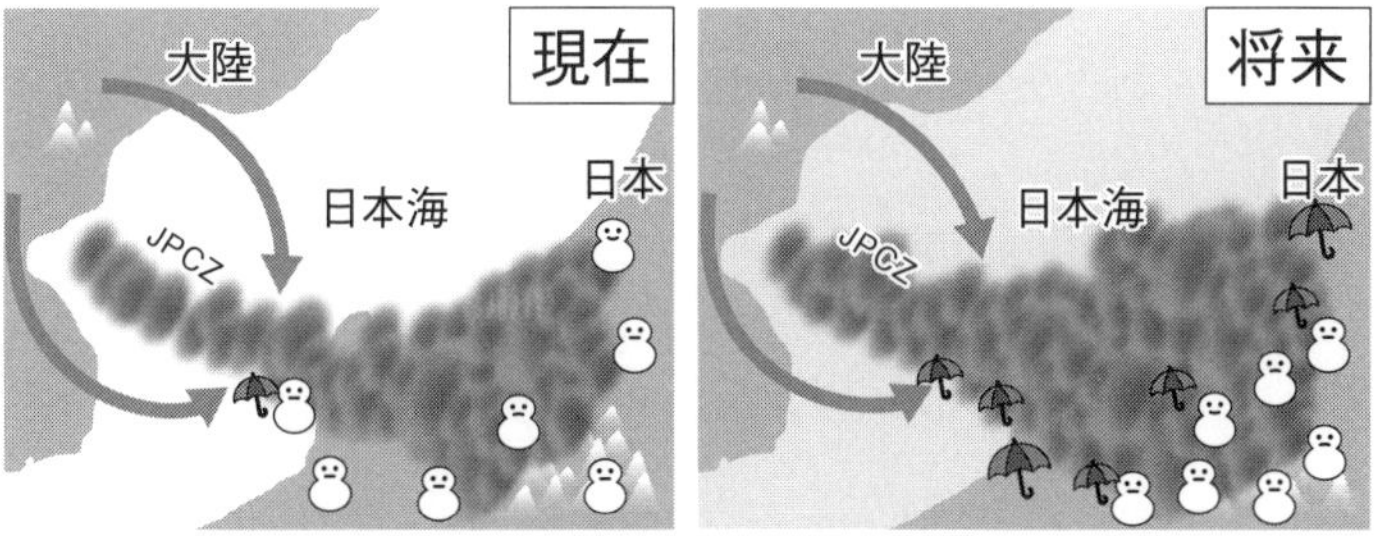

図 4.7 ｜ JPCZ 発生時の現在と将来の天気の違い

収束帯（ＪＰＣＺ）がかかったときです（35ページ）。ＪＰＣＺは沿岸部と山沿いの両方に大雪をもたらす可能性があるので、こちらをもとに説明します。ＪＰＣＺがかかったときの北陸地方の天気分布の模式図が図４・７です。朝鮮半島の山を迂回した風がぶつかるＪＰＣＺ付近で雲が発達し、それが沿岸部にかかり、雪を降らせます。山に当たると地形性の上昇気流も加わり、さらに降雪量が増えます。

この状況は、温暖化するとどうなるでしょう。まずＪＰＣＺは、大陸から吹く北西の風と朝鮮半島の地形があればできるので、温暖化してもＪＰＣＺは発生します。温暖化によってＪＰＣＺがなくなることはありません。一方、温暖化によって日本海の水温は上昇します。その結果、寒気の吹き出し時に、現在よりも多量の水蒸気が大気に供給されます。気温も上がっているので、現在よりもたくさんの水蒸気を大気が蓄えることができます。そして、その多量の水蒸気が風に運ばれてＪＰＣＺ付近に集まってきます。雨雲・雪雲のもとである水蒸気がたくさん供給されることで、ＪＰＣＺ付近では雲がより発達します。この発達した雲が沿岸部にかかります。ただし、温暖化によって気温が上昇しているので、沿岸部では発達した雲から降るものは雪ではなく、雨になってしまいます。つまり、ＪＰＣＺによって大雨が降ることになります。

沿岸部と比べてかなり気温が低い内陸部や山沿いでは様子が異なります。このような地域で現在、大雪が発生するときの気温は、マイナス5度からマイナス10度程度であることがわかっています（Kawase *et al.* 2018）。ＲＣＰ8・5シナリオの21世紀末には、日本の冬の気温は4度から5度上昇するといわれています。単純に考えると、現在マイナス5度以下で大雪が降る地域は、将来温暖化したとしても、まだ0度以下です。つまり、海水温が上がって水蒸気量が増加したことが、そのまま降雪量の増加につながります（図4・7）。これは、強い冬型の気圧配置の際に、地形性上昇で降るときも同様です。ＪＰＣＺがかかったときほどではありませんが、標高の高い山の降雪

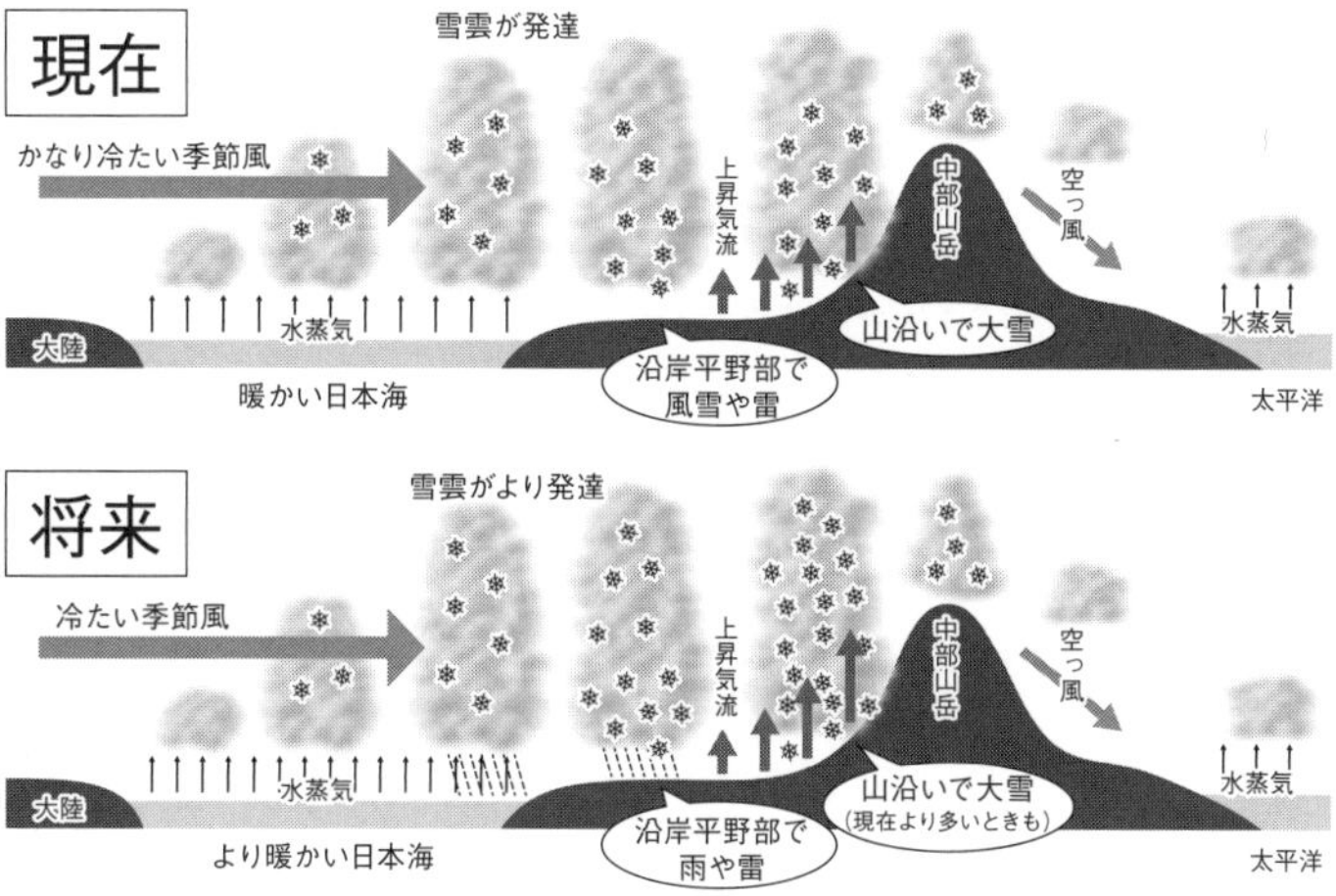

図 4.8 ｜冬型の気圧配置時における現在と将来の天気の違い

量は増加する可能性が高いと考えられます（図4・8）。

ところで、気温や海面水温の問題であれば、現在でも冬より気温の高い晩秋や初春にドカ雪が降ってもよさそうな気がしませんか？　しかし、そのようなドカ雪が降ることはほとんどありません。その理由として考えられるのは、晩秋や初春には大雪を降らせるような「状況」が、冬よりも生じにくいということがあります。大雪を降らせるためには、強い冬型の気圧配置の持続や、ＪＰＣＺによる雪雲の発達が必要となります。もちろん晩秋の11月や初春の3月にも、一時的に冬型の気圧配置となることはありますが、長続きすることはなく、ＪＰＣＺによる降雪が持続するのは極めて稀です。そのため、たとえ気温や海水温が高く、北陸の内陸や山沿いに大雪を降らせるような可能性があったとしても、それを大雪につなげるような引き金（強い冬型の気圧配置の持続やＪＰＣＺ）がないのです。

逆に厳冬期は、大雪を引き起こす現象が何度もやってきます。現在、将来予測されるほどの大雪にならないのは、冬の気温や海水温が低すぎることが原因です。温暖化により冬の気温や海水温が上がると、北陸の内陸部や山沿いにとって最も大雪が降りやすい条件が整うことになり、これまでになかったような大雪が増える、つまりドカ雪が増えるのです。

温暖化すると水蒸気が増えて降雪が増えるメカニズムは、厳冬期に北海道で月積算降雪量が増える説明にもなります（２０９ページ）。北海道の内陸部は気温が０度を大きく下回るため、気温が少々上がっても、厳冬期に雪が雨に変わるのは限定的です。その結果、気温や海水温の上昇に伴う水蒸気量の増加の効果が勝り、北海道の内陸では降雪量が増加すると考えられます。本州の山沿いで月積算降雪量の増加がみられなかったのは、水蒸気量の増加に伴う降雪量の増加と、気温上昇による雪から雨への変化が打ち消しあったためだと考えられます。さらに、北海道の大雪山系では総降雪量が増加するといいましたが（207ページ）、気温が最も低い北海道の山岳域では、積雪期間が短くなったとしても、降雪量の増加の効果が勝り、総降雪量さえも増加したと考えられます。

4.2 21世紀末の冬の天気予報

21世紀末の冬の天気をイメージしやすいように、ここでは天気予報のかたちで紹介していきましょう。将来の気候は、これからの私たちの温暖化への取り組みによって大きく変わりますが（4・4節）、ここでは温暖化の積極的な緩和策をとらずに、気

図 4.9 ｜冬なのに夏日

温が21世紀初めから4度程度上昇した場合を考えます。筆者も作成に協力した環境省の『2100年未来の天気予報』（https://ondankataisaku.env.go.jp/coolchoice/2100weather/）がもとになっているので、その動画もご覧ください（2023年3月末までの公開）。

• 冬なのに夏日（2100年1月X日）［図4・9］

「今日は全国的に気温が上がり、東京や京都では最高気温が25度を超える夏日となりました。最近は2月上旬でも20度を超えることが珍しくなくなってきましたね。こ

図 4.10 ｜冬型の気圧配置 ―― 日本海側は雨

の暑さで、都内で開かれたマラソン大会では、熱中症で救急搬送されるランナーが出ました。今夜から明日にかけては、低気圧が日本海を発達しながら西に進み、明日は北海道の東に達する予想です。北海道では今夜、暴風と大雨に警戒が必要です。」

・冬型の気圧配置 ―― 日本海側は雨

（2100年1月X日）［図4・10］

「今日は全国的に冬型の気圧配置が強まるでしょう。北海道でははじめ雨のところも、次第に雪に変わる見込みです。東北から北陸、山陰にかけての日本海側では雨が降るでしょう。最近は冬型の気圧配置で北

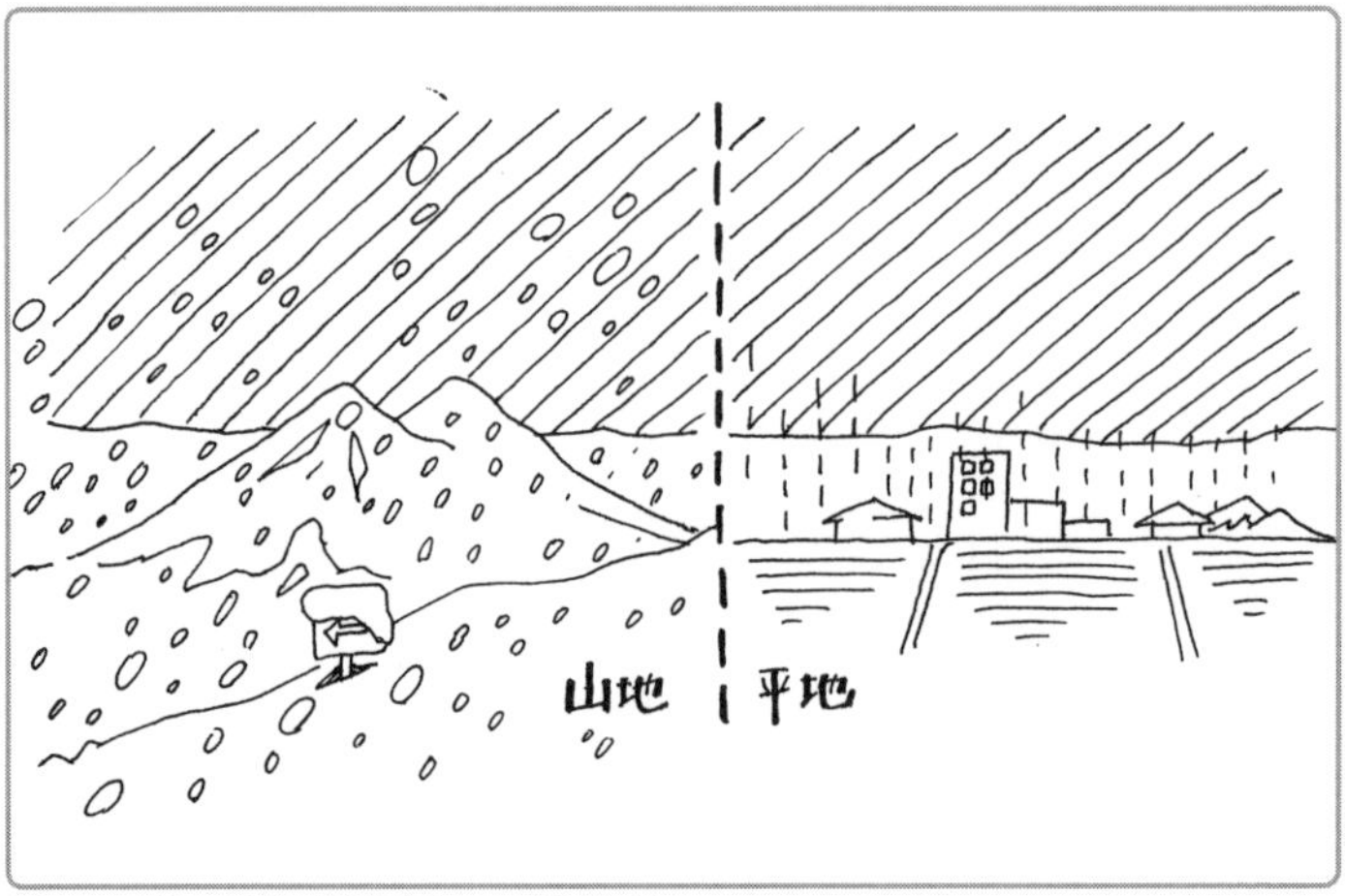

図 4.11 ｜強い冬型の気圧配置 ―― 大雨と大雪

陸や山陰の沿岸部で雪が積もることは珍しくなりました。山では雪になるところもあり、特に北陸地方の山沿いでは大雪の恐れがあります。太平洋側では晴れるでしょう」

・強い冬型の気圧配置 ―― 大雨と大雪

（2100年12月X日）［図4・11］

「今夜から明日にかけて、低気圧が急速に発達しながら北日本を通過する予想です。爆弾低気圧となり、北海道では暴風雪となりそうです。低気圧の通過後は、日本の上空に強い寒気が流れ込む予想です。東北から北海道にかけては雪が強まるでしょう。北海道では近年、雪の降り方が強まっ

図 4.12 | 数年に一度の寒気 —— 北陸沿岸部で久しぶりの雪

ており、明日も大雪になりそうです。日本海には朝鮮半島の山を迂回した風がぶつかり「日本海寒帯気団収束帯（JPCZ）」が発生する予想です。北陸地方の沿岸部では雨が強まり、一時的に雷を伴って激しく降るところもありそうです。気温の低い山沿いでは大雪の恐れがあります。一日で1メートル近く積もるところもあるでしょう。水分を多く含んだ重い雪となりそうです。」

- 数年に一度の寒気 —— 北陸沿岸部で久しぶりの大雪（2100年1月X日）［図4・12］

「明日から明後日にかけては、数年に一度の強い寒気が南下する予想です。北陸地方の沿岸部はここ数年、雪が積もることはほとんどありませんでしたが、明日は久しぶりの大雪が予想されています。雪が積もることがあまりない北陸地方の平野部で大雪が予想されていますので、少しの雪でも被害が出る可能性があります。雪が積もった道での転倒や、慣れない雪下ろしで転落しないようにお気をつけください。北陸でも栽培がはじまったミカンも雪をかぶりそうです。また山沿いでは、一晩で1メートル以上の雪が積もる予想です。厳重に警戒してください。西日本の日本海側でも、山沿いを中心に雪となる予想です。山陰地方の平野部でも数年ぶりに降雪が観測されるかもしれません。」

• 特に雪が少ない年（2100年2月X日）［図4・13］

「今年は暖冬です。地球温暖化が進み、北陸地方の沿岸部ではほとんど雪が積もらなくなりましたが、今年は標高の高い山でも雪が少なく、ほとんどのスキー場はオープンできない状況です。北海道や長野県の標高の高いスキー場では、人工降雪機を利用するなどして、何とか運営しているとのことです。また、例年この時期には3メー

図 4.13 | 特に雪が少ない冬

トルを超える雪が積もっていた北アルプスでも雪が少なく、立山室堂平で1メートル程度の積雪となっています。今年の雪の大谷の積雪が気になるところです。」

・南岸低気圧で関東はいつも雨（2100年2月X日）［図4・14］

「今日は関東の南岸を低気圧が通過し、関東では雨が降るでしょう。沿岸部では大雨になるところもあります。昔は南岸低気圧で東京が雨になるか雪になるかの予報が難しく、気象庁や気象キャスターの悩みのタネでしたが、最近は南岸低気圧で東京が雪になることはまずなくなりました。ただ

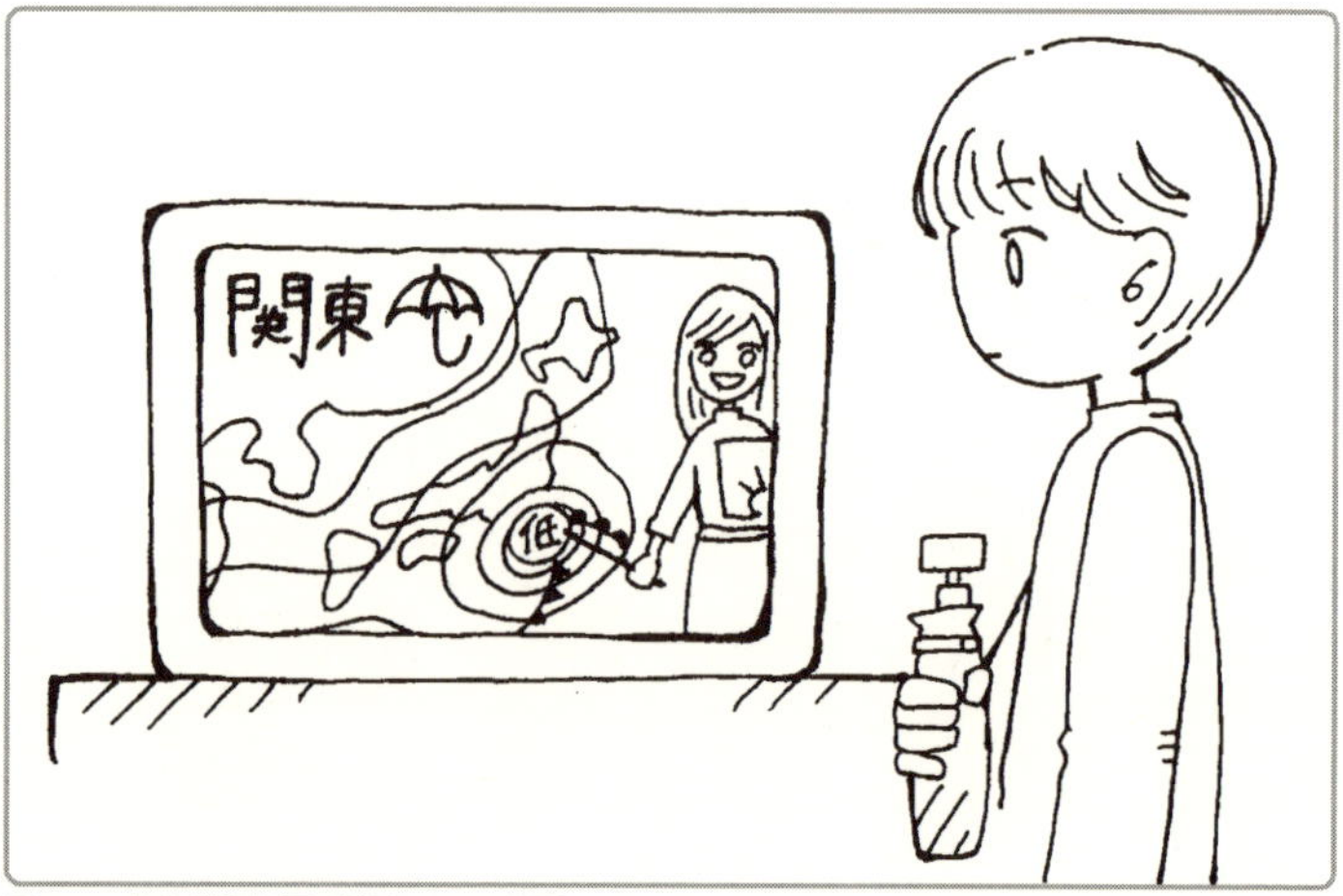

図 4.14 ｜南岸低気圧で関東はいつも雨

し平野部は雨でも、関東西部の山沿いや甲信地方の標高の高い地域では大雪の予想です。長野県では50センチを超えるような大雪となる可能性があります。」

・東京で10年ぶりの雪（2100年2月X日）［図4・15］

「明日は東京で10年ぶりに雪が降るかもしれません。温暖化が進み、近年、東京では雪が降ることがありませんでした。明日はかなり冷たい空気が関東に残っているところに南岸低気圧がやってきます。都心では雨に雪が混じるかどうかですが、もし雪が観測されれば10年ぶりの都心での雪とな

図 4.15 ｜東京で 10 年ぶりの雪

るでしょう。関東南部の平野部では積もることはありませんが、北部の平野部や山沿いでは大雪になりそうです。」

• Rain on Snow —— なだれと融雪洪水
（2100年2月X日）［図4・16］

「明日は低気圧が発達しながら本州付近を通過し、全国的に雨が降るでしょう。今年は例年に比べて山では雪がたくさん積もっていますが、明日は高い山でも雨になりそうです。南から暖かく湿った空気が流れ込み、大雨になるところもあるでしょう。山沿いではなだれに注意が必要です。また、雨に加えて、融雪に伴う雪解け水が一気に

図4.16 | Rain on Snow —— なだれと融雪洪水

川に流れ込みます。北海道から東北、北陸地方では、河川の増水や氾濫に警戒してください。」

いかがでしたか? 温暖化が進行した2100年の冬でも、いまとまったく違う世界になるわけではありません。2100年でも低気圧は通過しますし、西高東低の冬型の気圧配置にもなります。ただ、「雪」というキーワードで見た場合、日本の天気は大きく変わってきます。身近だった雪が身近でなくなり、雪がほとんど降らない世界になってしまったり。そんな温暖化をくい止めるにはどうすればよいか、温暖化する世界をどのように受け入れていくのかを、本書の最後に見ていきましょう。

4.3 温暖化の緩和策と適応策

前節で紹介したような未来にしないためには、進行する地球温暖化を止めないといけません。そのためには、何よりも温室効果ガスの排出量を削減する対策が必須となります。これを温暖化の緩和策と呼びます。

その一方で、いますぐに温室効果ガスの排出量をゼロにすることはできません。また、どんなに急いで温室効果ガスを減らしたとしても、もう少し気温が上がると考えられます。そこで、ある程度の地球温暖化の進行は受け入れ、その温暖化する世界で人々がとるべき対策についての議論も並行して行なわれています。これを地球温暖化への適応策と呼びます。

2018年、温暖化の適応策が始まる

日本では、2018年6月、地球温暖化の適応策に関する法律「気候変動適応法」が可決され、同年12月1日に施行されました。この法律は、国や地方公共団体などが気候変動適応の推進のため担うべき役割を明確化し、農業や防災などの各分野の適応を推進する気候変動適応計画を策定することを目的としたものです。法律の施行により、国立研究開発法人・国立環境研究所が情報提供や技術支援を担い、各地方自治体が温暖化適応策を立案、施行することが求められます。どのような適応策が必要かは自治体によって異なりますが、本書は雪をテーマにしているので、雪の適応策について考えてみましょう。

地球温暖化に伴う総降雪量あるいは年最深積雪の減少は、スキーやスノーボードなどのウィンタースポーツや観光産業に大きな打撃を与えます。特に、東日本や西日本の標高の低いスキー場ではその影響が大きく、21世紀末には積雪が大きく減少して、営業に支障をきたす恐れがあります。一方、標高の高い地域や北日本では、そこまで

の積雪減少は予測されていないので、毎年の積雪の変化を見ながら、どのようにスキー場経営をしていくかが適応の鍵となるでしょう。また、もともと降雪は少ないものの、気温がかなり低い地域（例えば長野県中南部など）では、人工降雪機を使えば、しばらくはスキー産業を継続できる可能性があります。

北陸地方の内陸や山沿い、北海道の内陸では、短期間に降るドカ雪の増加が予測されています。降雪の頻度や降雪量が減少するだけであれば、除雪費を減らす方向に適応していけばよいのですが、たまに降るドカ雪の量が増えるとなると、単純に除雪費の予算を減らすわけにはいきません。温暖化が進んだ将来は、現在は想定していないような状況が発生する恐れがあり、そのような状況に自治体としてどのように備えていくのかが今後の課題となります。

地球温暖化に伴う気温上昇は、融雪の変化を通して河川流量にも影響を及ぼします。春先の融雪が早まり、河川流量のピーク時期がずれることで、融雪水を利用した農業も影響を受ける可能性があります。今後、田植えの時期をずらすなど、何らかの適応が必要となるかもしれません。

また、日本アルプスなどの高い山では、秋から初夏までの長期間、雪に覆われることで、高山特有の動植物の生態系がつくられています。今後の温暖化で積雪の期間が短くなれば、高山植物や動物の分布が変わってくる可能性があります。このような自然の変化に人がどのように対処していくか難しいところですが、高山の動植物のモニタリングをはじめ、監視を続けていく必要はありそうです。

温暖化で雪害対策はどう変わるか?

積雪の多い地域は、その量に応じて豪雪地帯、または特別豪雪地帯に指定されています(図4・17)。豪雪地帯に指定された自治体は24道府県532市町村あり、国土の約2分の1が豪雪地帯に指定されています(2019年4月現在)。今後、温暖化が進み、降雪量が減少すれば、豪雪地帯や特別豪雪地帯に指定される自治体が減少していくかもしれません。21世紀末にはこの図が大きく変わっている可能性があります。豪雪地帯に指定されなくなれば、国の補助もなくなり、除雪費用も減少していくこと

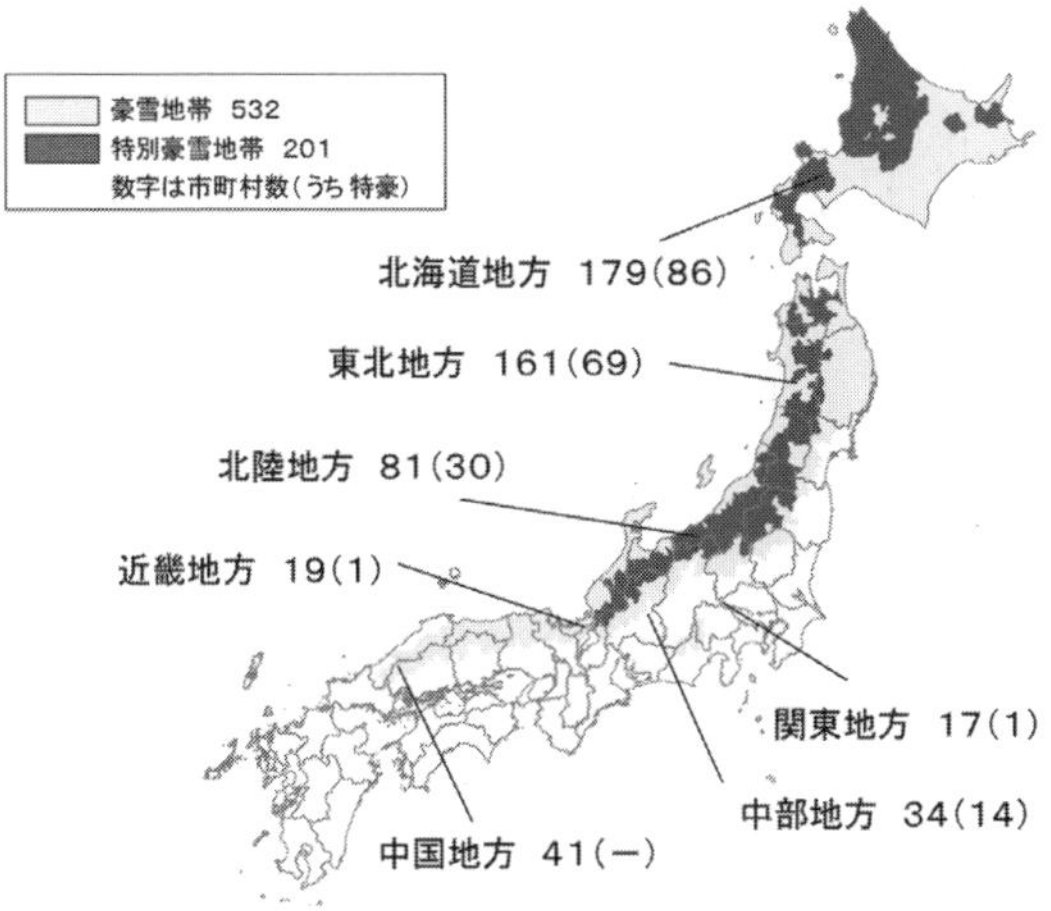

図 4.17 | 豪雪地帯・特別豪雪地帯に指定されている地域(平成 31 年 4 月 1 日現在)(国土交通省ホームページ「豪雪地帯対策の推進」より)

になるでしょう。ただ、低頻度でも大雪の恐れは残っているので、大雪への備えは必要になります。

また、温暖化しても、日本海側で冬型による降水がなくなるわけではありませんが、沿岸部では雨が主体となりますが、稀に気温が下がって大雪となることもあります。大雪のあと、積雪の上に雨が降ると、積雪の重量が重くなります(ROSイベント:70ページ)。雨量が多いと雨水が雪を巻き込みながら川に流れ込み、融雪洪水を引き起こす可能性もあります。

最も適応策が難しいと思われるのは、北陸地方の標高500メートル以上の山沿いの地域です。これらの地域では、総降雪量や降雪の頻度、年最深積雪は大きく減少しますが、厳冬期のドカ雪の頻度が増えることが予想されます。そのため、費用対効果のいい新たな雪害対策を講じないと、雪害が多発する恐れがあります。

気温の低い北海道では、21世紀末においても降雪や積雪の状況はそれほど変わらないと予測されています。さらに厳冬期の降雪は21世紀末にかけて増えていく可能性もあるので、雪害対策は一層重要になってきそうです。ただ、雪が降り始める時期が遅くなり、消雪時期も早くなるので、雪害対策を施す時期は短くなるでしょう。

東京をはじめとする東日本の太平洋側では、気温上昇に伴い南岸低気圧による大雪の頻度は大幅に減少する予測となっています。それでも、内陸部では数年に一度は、現在のような大雪が降る可能性があるので、油断はできません。「天災（大雪）は忘れた頃にやってくる」と、常に心得ておく必要があります。関東北部や西部の山沿いや甲信地方では、将来も現在と同様に南岸低気圧による降雪が起こると考えられます。これらの地域ではもともと気温が低いために、多少温暖化した程度では雪が雨に変わることはなく、大雪に注意が必要です。ただ、21世紀末の気温が4～5度上がった状況下では、南アルプスや中央アルプスの標高の高い山岳域を除き、甲信地方でも南岸低気圧による降雪は減っていきそうです。

気温の上昇は、積もった雪の質を変えます。標高の高い山では、これまで厳冬期に0度を上回ることはほとんどありませんでした。温暖化が進めば、厳冬期でもプラスの気温になり、融雪が進むかもしれません。積雪の底面に濡れたざらめ雪ができ、全層なだれが発生する可能性もあります。

省庁の取り組み

環境省は日本全国の自治体の地球温暖化適応策を推進するために、2017年から「地域適応コンソーシアム」事業を立ち上げました。地域適応コンソーシアムは、「全国と6地域（北海道・東北、関東、中部、近畿、中国四国、九州・沖縄）にて、各地域のニーズに沿った気候変動影響に関する情報の収集・整理を行うとともに、地方公共団体、大学、研究機関など、地域の関係者との連携対策を構築し、気候変動による影響評価を実施することにより、具体的な適応策を検討」するものです（地域適応コンソーシアムのウェブサイトより引用）。

一方、地域適応コンソーシアムで収集した情報や、各省庁が実施する気候変動に関する研究を取りまとめた「気候変動適応情報プラットフォーム（A－PLAT）」を、環境省と国立環境研究所が立ち上げました。A－PLATは、関係する府省庁と連携し、利用者のニーズに応じた温暖化予測情報の提供、適応の行動を支援するツールの開発・提供、優良事例の収集・整理・提供などを行なうことにより、地方公共団体や事業者、国民などの各主体の活動基盤となることを目的としています。

地球温暖化に伴う将来の気候変動予測、将来予測技術の開発を行なうのが文部科学省です。文部科学省では、2002年度に「人・自然・地球共生プロジェクト」を開始して以来、大型スーパーコンピュータ「地球シミュレータ」を用いた研究プロジェクトを継続して実施してきました。後継の「21世紀気候変動予測革新プログラム」「気候変動リスク情報創生プログラム」で行なわれた将来の気候変動予測計算の結果は、IPCCの報告書でも数多く引用されています。2019年時点では、「統合的気候モデル高度化研究プログラム」（２０１７年度から２０２１年度）が動いており、常に最新の気候変動予測が実施されています。これらのプロジェクトあるいはその後継プロジェクトの成果として、最先端の気候変動予測情報が世に出てきています。

気象庁は、４・１節で紹介した「地球温暖化予測情報」を定期的に公表しています。また、地球温暖化予測情報にもとづいて、管区気象台からはそれぞれの地域に特化した気候変化予測情報が公表されており、地方自治体の温暖化適応策の策定に貢献しています。ＩＰＣＣの評価報告書の翻訳も行なっており、気象庁のウェブサイトから閲覧することができます（https://www.data.jma.go.jp/cpdinfo/ipcc/index.html）（２０１９年閲覧）。

国土交通省は、大雨に伴う洪水などを防止する治水対策の観点から、地球温暖化の適応策を進めようとしています。２０１６年には北海道に観測史上初めて1年間に3つの台風が上陸し甚大な被害が発生したほか、２０１７年の九州北部豪雨や２０１８年の平成30年7月豪雨など、記録的な豪雨災害が発生しています。これらを踏まえ、国土交通省は２０１８年から、気候変動を加味した治水計画の検討を始めました（気候変動を踏まえた治水計画に係る技術検討会）（そのさなかに、２０１９年の台風19号に伴う大雨が発生しました）。

それぞれの省庁が自らの得意分野を生かして、地球温暖化の予測・緩和・適応に取り組む中で、２０１８年2月に5省庁（環境省、文部科学省、農林水産省、国土交通省、気象庁）共同で『気候変動の観測・予測・影響評価に関する統合レポート２０１８――日本の気候変動とその影響』が公表されました。このレポートでは、主に日本を対象とした、地球温暖化に伴う気候変動の「観測」「予測」及び「影響評価」分野の知見を統合・要約し、取りまとめています。これからは各省庁が協力しながら地球温暖化の予測、影響評価、適応策に取り組むことがさらに求められるでしょう。

4.4 そんな未来にしないために

本書は日本の雪の降り方の特徴から、地球温暖化でその雪がどのように変化していくのかまでを、最新の科学的知見を踏まえながら紹介してきました。現在もひとたび大雪が降ると、交通障害や集落の孤立、なだれ、人や建物への被害などが起こってしまいます。しかし、日本は昔からこのような雪と共存してきました。雪はときに人に牙をむきますが、人は雪を観光資源や水資源として利用し、恩恵も受けています。雪国生まれでいまは雪国でないところに住む人は、雪を見ると気持ちが落ち着くという人もいるでしょう。もっとも、いまも雪国に住む人にとっては、毎シーズンの雪下ろしなどでうんざりしている人のほうが多いと思いますが。以前、筆者が富山県で講演した際に、参加者に雪のない未来とある未来ではどちらがよいか尋ねたところ、大部分の人が後者の雪がある未来を選びました。雪下ろしなどの大変さはあったとしても、雪が完全になくなることは望んでいないようです。

多くの日本人の生活と切っても切り離せない雪が、地球温暖化により大きく変わりつつあります。このような未来にしないために、私たちは地球温暖化の問題に立ち向かっていかなくてはなりません。2015年にフランス・パリで開催されたCOP21（気候変動枠組条約締約国会議）において、2020年以降の温室効果ガスの排出削減のための新たな国際枠組み「パリ協定」が採択されました。パリ協定はほとんどすべての国が地球温暖化の原因となる温室効果ガスの削減に取り組むことを約束した枠組みです。2016年11月4日に発効し、すでに動き始めています。パリ協定では長期的な目標として、世界の平均気温の上昇を産業革命前から2度以内に抑えるという「2度目標」を掲げました。2018年現在、すでに産業革命前から1度近く気温が上昇してしまっていることを考えると、2度目標を達成するためには、今後、先進国と発展途上国が協力して温室効果ガスの大規模な削減を実施していくしかありません。

大気中から温室効果ガスを減らしていくためには、これまでと同様の努力はもちろん、技術革新が必要となってきます。例えば、CCS（Carbon dioxide Capture and Storage：二酸化炭素回収貯留）は、工場や発電所などから出される二酸化炭素が大気に放出される前に回収し、地下へ貯留してしまおうという技術です。この技術はＩＰＣＣにおいても地球温暖化対策に効果的な技術として評価されており、今後主要な温室効果ガス削減の取り組みとなっていくでしょう。

世界は産業革命以降、化石燃料から生み出されるエネルギーによって経済発展を遂げ、豊かな生活を実現してきました。おそらく１００年前の生活水準に戻ることはできないので、これからは再生可能エネルギーを中心に最小限のエネルギーで、いかに生活を維持するかが鍵になってくるでしょう。私たち個人が、日々の生活で省エネを心がけることはもちろん、次世代を担う若者や子供たちに正しい地球温暖化の知識を伝え、世代を超えた世界的な問題である地球温暖化に立ち向かうことになるでしょう。２１００年に生まれる子供たちが快適な生活を送れるように。

中国

中国地方の雪の降り方

岩永哲さん（中国放送「イマなま」）

日本で豪雪地帯というと東北や北陸の日本海側などを思い浮かべる方が多いかもしれませんが、西日本にも豪雪地帯は存在します。国が法律で指定する豪雪地帯で最も南に位置するのが、広島県北部の中国山地沿いの地域です。広島県の豪雪地帯にあるアメダスの一つ、庄原市高野の年間降雪量の平年値は、札幌市の平年値とほぼ同じです（高野：５８2センチメートル、札幌：５９2センチメートル）。

広島県北部の中国山地沿いは、西日本に強い寒気が南下するとたびたび大雪に見舞われます。特に災害級の大雪につながりやすいのが、「日本海寒帯気団収束帯（ＪＰＣＺ）」と呼ばれる、非常に発達した雪雲の帯がかかる場合です。ＪＰＣＺは北陸～山陰方面に流れ込みやすく、２０１６～17年シーズンの冬は、山陰から近畿北部に2度の記録的な大雪をもたらしました。鳥取市で90センチメー

トル以上の積雪を記録。広島県北部の中国山地沿いでは一晩に50センチメートル超のドカ雪となりました。

一方、同じ広島県内でも、瀬戸内側ではあまり雪は降りませんが、①強い寒気南下時に中国山地沿いの発達した雪雲の一部が流れ込む、②日本海から寒冷渦が南下し局地的に発達した雪雲がかかる、③南岸低気圧の通過時、という3つのケースでは雪が降りやすくなります。ただ、雪雨の判別や積雪の有無の見極めといった県北部の雪予想とは違った難しさがあります。

広島市や福山市などの都市部が集まる瀬戸内側で雪が積もるのは年に1、2度あるかどうかで、多くは数センチメートル程度の積雪です。それでも雪に慣れない都市部には交通機関の乱れなど大きな影響が出るため、しっかり予測できるかはとても大事なポイントです。

一口に、広島県の雪予想といっても、いろんなケースがあり、それが冬の予報の楽しさともいえます。

四国

四国地方の雪――南国の〝豪雪地帯〟

広瀬駿さん（毎日放送「ちちんぷいぷい」「サタデープラス」）

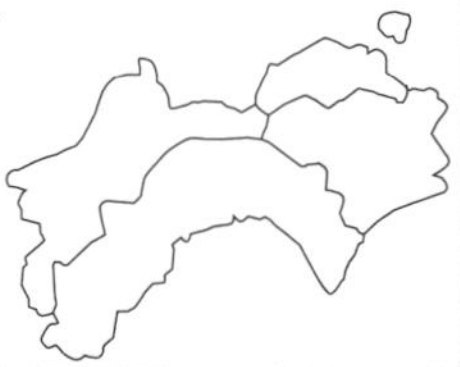

四国と聞くと、南国で暖かいイメージを持たれる方が多いと思います。実際に暖かいですし、全体的にみると雪が降る頻度は少ない地域です。そんな四国にも〝豪雪地帯〟があります。標高の高い四国山地、特に愛媛県の南予地方です。宇和町（現・西予市）周辺は毎年のように10センチメートルを超える〝ドカ雪〟が降りますし、宇和島で生活する私の両親が運転する車は、冬場にスノータイヤへ履き替えます。「愛媛県は南へ行くほど雪が降る」――この不思議な事実は、小学生の私にとって気象に興味を持つきっかけとなり、気象予報士を目指す原点となりました。

なぜ南予地方は雪が降るのか。それは南予地方が〝エセ〟日本海側だからです。強い寒気が九州回りで南下し、北西から西北西の風が吹くとき、日本海から流れ込んだ寒気が関門海峡を抜け、瀬戸内海の周防灘・伊予灘でさらに水蒸気を供給されることで、発達した雪雲が南予地方の山地にまとまった雪を降らせるわけです。また、北寄りの風で寒気が強まった場合、寒気が中国山地を乗り越えて瀬戸内海の燧灘《ひうちなだ》で新たに水蒸気を供給され、愛媛・四国中央市～徳島県三好市周辺の山岳地帯で大雪になることもあります。

いずれも寒気や風の見通しがわかれば、雪の予想はそれほど難しくありませんが、四国には積雪計が、各地方気象台の4か所にしかありません。「もっと積雪計を増やして！」と気象庁にお願いしたいところですが、北日本と比較すると積雪の頻度は圧倒的に少ないですし、新たな積雪計設置の必要性は高くないかも。雪の予想というよりも、降雪の実態の把握が難しいという点が四国の特徴でしょうか。

九州の雪予報の難しさ

松井渉さん（ＮＨＫ福岡放送局「はっけんＴＶ」）

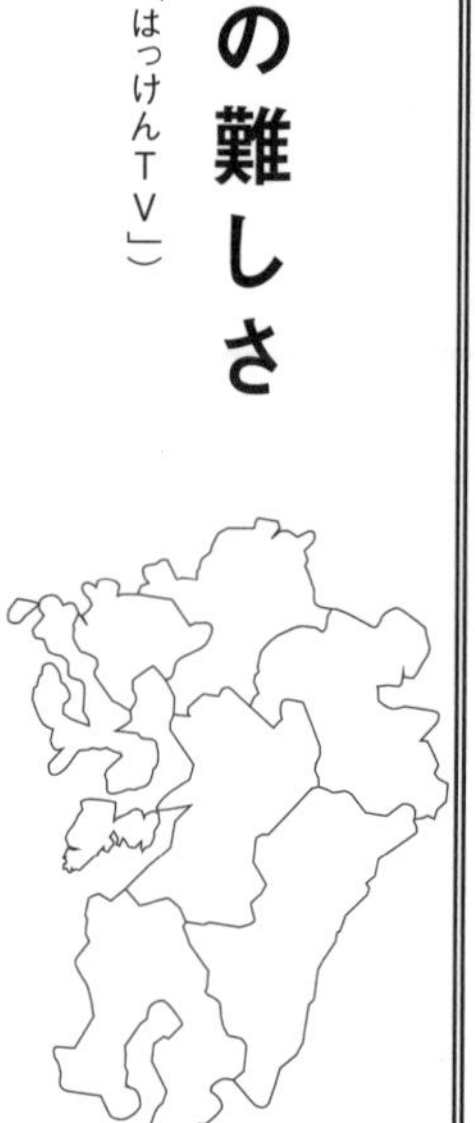

九州、特に福岡など九州北部の雪の予報を考えるうえで、大きな影響を与えるのが朝鮮半島です。

冬型の気圧配置が強まると、大陸から南下してくる寒気が海上を通るときに、海からの水蒸気によって雲が発生し、それが九州にやってきて雪を降らせます。海上を長く通るほど、雪雲が発達し、降る雪の量も多くなります。

ところが、九州と朝鮮半島の間にある対馬海峡は、幅が２００キロメートルほどしかありません。この距離では、寒気がよほど強くなければ、雪雲は十分に発達しません。このため、北西の風が吹くときには、九州北部は朝鮮半島の陰になるようなかたちで、雲の発生が少なく、ほとんど雪が降らないということがしばしばあります。もし風向きが北あるいは北東になるようなときには、朝鮮半島の東側、日本海西部で発達した雪雲が福岡県などに流れ込んでくるため、大雪が降ることもあります。微妙な風向き次第で、同じ福岡県内でも北九州市は大雪、福岡市は晴れなんていうこともあるので、気象予報士の腕の見せどころとなります。

九州で意外と大雪が降ることがあるのが、朝鮮半島の影響を受けない鹿児島です。寒気さえしっかりと強ければ、鹿児島付近には、北西の季節風に乗って、黄海から東シナ海の長い距離で発達した雪雲が流れ込んでくることがあります。2010年の大晦日から11年の元日にかけて鹿児島市は雪が降り続き、観測史上第2位の25センチメートルの積雪を観測。交通機関などに大きな影響が出ました。

引用・参考文献

(A) 浅井冨男『ローカル気象学』東京大学出版会、1996年。

荒木健太郎「新用語解説　南岸低気圧」『天気』63号、2016年、707～709。

荒木健太郎「新用語解説　Cold-Air Damming」『天気』62号、2015年、545～547。

(F) 筆保弘徳・川瀬宏明（編）『異常気象と気候変動についてわかっていることいないこと』ベレ出版、2014年。

古市豊「最大降雪量ガイダンス」『平成21年度数値予報研修テキスト』（気象庁予報部）、2009年、27～36。

(H) 原旅人「事例検討」『平成27年度数値予報研修テキスト』気象庁予報部、2015年、71～105。

Hartmann, D. L., and Coauthors: Observations: Atmosphere and surface. Climate Change 2013: *The Physical Science Basis*, T. F. Stocker *et al.*, Eds., Cambridge University Press, 2014, 159–254.

Honda, M., J. Inoue, and S. Yamane: Influence of low Arctic sea-ice minima on anomalously cold Eurasian winters. *Geophysical Research Letters*, 2009, L08707.

本田明治「夏季北極海の海氷域減少がもたらす冬季ユーラシアの低温」『気象研究ノート「北極の気象と海氷」』（山崎孝治編）、222、2011年、133～143。

(I) Ide R. and H. Oguma: A cost-effective monitoring method using digital time-lapse cameras for detecting temporal and spatial variations of snowmelt and vegetation phenology in alpine ecosystems, *Ecological Informatics*, 16, 2013, 25-34.

Imada, Y., M. Watanabe, H. Kawase, H. Shiogama, and M. Arai: The July 2018 high temperature event in Japan could not have happened without human-induced global warming. *SOLA*, 15A, 2019, 8-12.

(K) 海上保安庁 平成24年11月29日報道発表「降雪期における保船対策について」。

亀田貴雄・高橋修平『雪氷学』古今書院、2017年。

Kawase, H., Y. Takeuchi, T. Sato, and F. Kimura: Precipitable water vapor around orographically induced convergence line. *SOLA*, 2, 2006, 25-28.

Kawase, H., A. Murata, R. Mizuta, H. Sasaki, M. Nosaka, M. Ishii, and I. Takayabu: Enhancement of heavy daily snowfall in central Japan due to global warming as projected by large ensemble of regional climate simulations. *Climatic Change*, 139, 2016, 265-278.

Kawase, H., T. Sasai, T. Yamazaki, R. Ito, K. Dairaku, S. Sugimoto, H. Sasaki, A. Murata, and M. Nosaka: Characteristics of synoptic conditions for heavy snowfall in western to northeastern Japan analyzed by the 5-km regional climate ensemble experiments. *J. Meteor. Soc.* Japan, 96, 2018, 161-178.

Kawase, H., A. Yamazaki, H. Iida, K. Aoki, W. Shimada, H. Sasaki, A. Murata, and M. Nosaka: Simulation of extremely small amounts of snow observed at high elevations over the Japanese Northern Alps in the 2015/16 winter. *SOLA*, 14, 2018, 39 ～ 45.

川瀬宏明・飯田肇・青木一真・島田亙・野坂真也・村田昭彦・佐々木秀孝「立山黒部アルペンルートにおける積雪観測と異なる水平解像度の非静力学地域気候モデル（ＮＨＲＣＭ）を用いた積雪再現実験の比較」『地学雑誌』１２８、２０１９年、77～92。

環境省・文部科学省・農林水産省・国土交通省・気象庁『気候変動の観測・予測・影響評価に関する統合レポート２０１８～日本の気候変動とその影響～』２０１８年。

菊地勝弘・亀田貴雄・樋口敬二・山下晃・雪結晶の新しい分類表を作る会メンバー「中緯度と極域での観測に基づいた新しい雪結晶の分類 ―― グローバル分類」『雪氷』74号、２０１２年、２２３～２４１。

気象庁「気象観測ガイドブック」。

気象庁「量的予報技術資料」第19号、２０１４年。

気象庁「地球温暖化予測情報第９巻」２０１８年。

気象庁「気候変動監視レポート２０１８」２０１９年。

(M)

松尾敬世「雪と雨をわけるもの」『天気』48号、２００１年、33～37。

Matsuo T. and Y. Sasyo: Melting of snowflakes below freezing level in the atmosphere. *Journal of Meteorological Society of Japan*, 59, 1981, 26-32.

松尾敬世・藤吉康志「７章 雪片の形成と融解 ―― 雪から雨へ」『気象研究ノート』２０７号、２００５年、81～１１４。

文部科学省研究開発局「気候変動リスク情報創生プログラム テーマ C 気候変動リスク情報の基盤技術開発」『平成25年度研究成果報告書』２０１４年。

Mori, M., Y. Kosaka, M. Watanabe, H. Nakamura, and M. Kimoto: A reconciled estimate of the influence of Arctic sea-ice loss on recent Eurasian cooling. *Nature Climate Change*, 9, 2019, 123–129.

森田恒幸・増井利彦「日本気象学会２０００年春季大会シンポジウム「21世紀の気候変化 ―― 予測とそのもたらすもの」の報告２・気候変化予測のための排出シナリオ」『天気』47号、２０００年、６９６～７０１。

(N)

日本雪氷学会（編）『積雪観測ガイドブック』朝倉書店、２０１０年。

日本雪氷学会（編）『新版 雪氷辞典』古今書院、２０１４年。

中島映至・竹村俊彦「新用語解説　放射強制力」『天気』56号、２００９年、９９７～９９９。

Nakamura T., K. Yamazaki, T. Sato, and J. Ukita: Memory effects of Eurasian land processes cause enhanced cooling in response to sea ice loss, *Nature Communications*, 10, 2019, doi:10.1038/s41467-019-13124-2.

Nakaya U, Snow crystals, natural and artificial, Harvard University Press, Oxford University press, 1954.

(O)

小熊 宏之・井手 玲子・雨谷 教弘・浜田 崇「定点カメラ観測ネットワークによる高山帯の消雪と植生フェノロジーのモニタリング」『地学雑誌』１２８、２０１９年、93～１０４。

(T)

Takane, Y., H. Kusaka: Formation Mechanism of the Extreme High Surface Air Temperature of 40.9 ℃ Observed in the Tokyo Metropolitan Area: Considerations of Dynamic Foehn and Foehn-Like Wind. J. Appl. *Meteor. Clim*., 50, 2011, 1827-1841.

Takaya, K. and H. Nakamura: Interannual variability of the East Asian winter monsoon and related modulations of the planetary waves. *Journal of Climate*, 26, 2013, 9445-9461.

(Y)

横山宏太郎・大野宏之・小南靖弘・井上 聡・川方俊和「冬期における降水量計の捕捉特性」『雪氷』65号、２００３年、３０３～３１６。

Yamazaki A., M. Honda, A. Kuwano-Yoshida, Heavy snowfall in Kanto and on the Pacific Ocean side of northern Japan associated with western Pacific blocking, *SOLA*, 11, 2015, 59-64.

コラム執筆者

●初雪最前線　北海道の雪
菅井 貴子
北海道文化放送「みんテレ」
過去には、NHKほか全国各地の民放テレビ・ラジオも担当

●東北地方の降雪の特徴・予報の難しさ
吉田 晴香
NHK仙台「てれまさむね」「ウィークエンド東北」

●北陸地方の雪
木地 智美
富山テレビ「報道ライブBBT」

●豪雪は忘れたころに
二村 千津子
NHK福井「ニュースザウルスふくい」
村田気象予報士事務所
これまでの出演「羽鳥慎一 モーニングショー」
中京テレビ「ズームイン！SUPER」

●関東の雪予報は闘い
今村 涼子
テレビ朝日「スーパーJチャンネル」

●東海の雪——鍵は風向きと低気圧のコース
山田 修作
メ~テレ「ドデスカ！」「アップ！」
元南日本放送アナウンサー

●近畿地方の雪の降り方
南 利幸
NHK「NHKニュースおはよう日本」
南気象予報士事務所

●中国地方の雪の降り方
岩永 哲
中国放送（RCC）「イマなま」

●四国地方の雪——南国の〝豪雪地帯〟
広瀬 駿
毎日放送「ちちんぷいぷい」「サタデープラス」など
南気象予報士事務所

●九州の雪予報の難しさ
松井 渉さん
NHK福岡放送局「はっけんTV」
（一財）日本気象協会

謝辞

本書を執筆するにあたり、中井専人様（防災科学技術研究所 雪氷防災研究センター）、今田由紀子様（気象庁 気象研究所）、江守正多様（国立環境研究所）、山崎哲様（海洋研究開発機構）には、専門家の目線から原稿を確認していただきました。ここに御礼申し上げます。また、本書では長野県菅平高原での筑波大学積雪実習、富山県立山室堂平周辺での積雪調査に関わる写真を使用しました。そこでお世話になりました上野健一様（筑波大学）、飯田肇様（富山県立山カルデラ砂防博物館）、青木一真様（富山大学）、島田亙様（富山大学）には感謝申し上げます。

著者紹介

川瀬 宏明（かわせ・ひろあき）

▶1980年生まれ。
気象庁気象研究所 応用気象研究部 主任研究官。博士（理学）。気象予報士。
専門は気象学、気候学、雪氷学。
2019年度 日本雪氷学会平田賞を受賞。
著書に『異常気象と気候変動についてわかっていることいないこと』（共著、ベレ出版）がある。

◉── DTP　清水 康広（WAVE）
◉── 図版　溜池 省三
◉── イラスト　石田 理紗
◉── 校正　曽根 信寿
◉── カバー・本文デザイン　末吉 亮（図工ファイブ）

地球温暖化《ちきゅうおんだんか》で雪《ゆき》は減《へ》るのか増《ふ》えるのか問題《もんだい》

2019年 12月 25日　初版発行

著者	川瀬《かわせ》 宏明《ひろあき》
発行者	内田 真介
発行・発売	ベレ出版 〒162-0832 東京都新宿区岩戸町12 レベッカビル TEL.03-5225-4790 FAX.03-5225-4795 ホームページ http://www.beret.co.jp/
印刷	株式会社 文昇堂
製本	根本製本 株式会社

ISBN 978-4-86064-603-5 C0044　編集担当 永瀬 敏章